普通高等教育电气类专业“十四五”系列教材

电子技术基础实验

主　编　赵红言

副主编　李少娟　常　娟　张建强

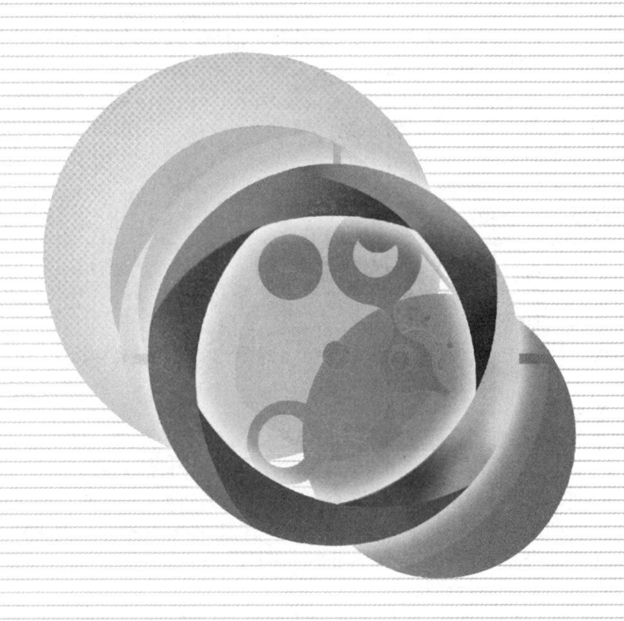

内容简介

本书共分为6章，主要介绍常用仪表使用、电子产品组装与调试、Multisim 10软件的使用和电子技术实验项目。其中，电子技术实验项目包括模拟电路实验、数字电路实验和综合实训实验共16个实验。

本书既可作为高等院校电类专业大专层次学生的实验教材，也可供有关工程技术人员阅读参考。

图书在版编目(CIP)数据

电子技术基础实验/赵红言主编；李少娟，常娟，张建强副主编. —西安：西安交通大学出版社，2022.8

ISBN 978-7-5693-2702-1

Ⅰ.①电… Ⅱ.①赵… ②李… ③常… ④张… Ⅲ.①电子技术-实验-教材 Ⅳ.①TN-33

中国版本图书馆CIP数据核字(2022)第128394号

DIANZI JISHU JICHU SHIYAN

书　　名　电子技术基础实验
主　　编　赵红言
副 主 编　李少娟　常　娟　张建强
责任编辑　田　华
责任校对　李　文
装帧设计　伍　胜

出版发行　西安交通大学出版社
(西安市兴庆南路1号　邮政编码710048)
网　　址　http://www.xjtupress.com
电　　话　(029)82668357　82667874(市场营销中心)
(029)82668315(总编办)
传　　真　(029)82668280
印　　刷　西安明瑞印务有限公司

开　　本　787mm×1 092mm　1/16　**印张**　7.75　**字数**　189千字
版次印次　2022年8月第1版　2022年8月第1次印刷
书　　号　ISBN 978-7-5693-2702-1
定　　价　24.00元

如发现印装质量问题，请与本社市场营销中心联系。
订购热线：(029)82665248　(029)82667874
投稿热线：(029)82664954
读者信箱：190293088@qq.com

前　言

电子技术基础是空军工程大学大专士官学员各专业的一门任职基础课，是一门理论性、应用性、实践性较强的课程。课程教学立足于培养职业技能型人才，紧贴专业和装备，始终把培养学员综合素质和职业技能作为主要目标。教学中所讲授的电子技术的基本概念、基本理论和基本电路的分析设计方法是先导，训练和培养学员运用所学知识分析和解决实际问题的能力、塑造学员之间交流合作的团队精神，养成严谨的作风和科学求实的态度，则更为重要。而后者能否达到目标，更多地体现在课程的实验教学过程中。

由于新版课程教学计划较多地增加了实验教学课时，所以在实验教学的思路、策略和内容上必须进行调整。经过三年的探索和总结，逐步形成了相对成熟和完善的实验教学体系，也取得了较为满意的教学效果。基于此，我们重新编写了本门课程的实验指导书。

本教材由模拟电路实验、数字电路实验、综合实验、电子产品组装与调试、常用仪表使用及Multisim 10 软件的使用共 6 章内容 16 个实验项目组成。在实验内容安排上，力求将分析、设计及验证融为一体，强化故障排除能力训练；实验项目全程贯穿识图、元器件识别检测、测试结果分析等环节训练，以突出教学对象技能培养的要求。为了达到教学效果，每个实验项目以大学时(4 学时)教学为主进行设计。

本教材以理论教材为基础，以新版教学大纲和课程教学计划为依据，充分考虑到大专士官学员实际需求和未来岗位任职需要编写而成。其中部分单元电路实验借鉴了唐维萍、潘克战等 2018 年编写的《电子技术实验指导》教材中的体系和内容，综合实验选取了 2 例电子产品装调套件内容。在此衷心感谢前期为本课程实验教学付出辛劳的老师们。

受编者学识和能力所限，不足之处在所难免，敬请读者批评指正。

编　者

2021 年 12 月

目　录

第 1 章　模拟电子技术实验

1.1　晶体管的识别与检测

1.1.1　实验目的

(1)了解晶体管二极管和三极管的类别、型号及主要性能参数。

(2)掌握晶体管二极管和三极管的引脚识别方法。

(3)掌握用数字万用表判别二极管和三极管的极性及其性能质量的方法。

1.1.2　实验仪器和器材

(1)电子技术实验箱、数字万用表。

(2)不同规格、类型的晶体二极管、三极管、整流桥堆和若干电阻。

1.1.3　实验原理

1. 二极管的识别与检测

二极管种类繁多,在电路中常用 VD(或 D)加数字表示,如:VD5 表示编号为 5 的二极管。本次实验选用了比较常见的小功率整流二极管、稳压二极管和发光二极管进行识别和检测。

小功率二极管的负极通常在表面用一个色环标出,如图 1-1-1(a)、(b)所示,有些二极管也采用“P”“N”符号来确定二极管极性,“P”表示阳极,“N”表示阴极;发光二极管则通常用引脚长短来识别,长脚为阳极,短脚为阴极,如图 1-1-1(c)所示。

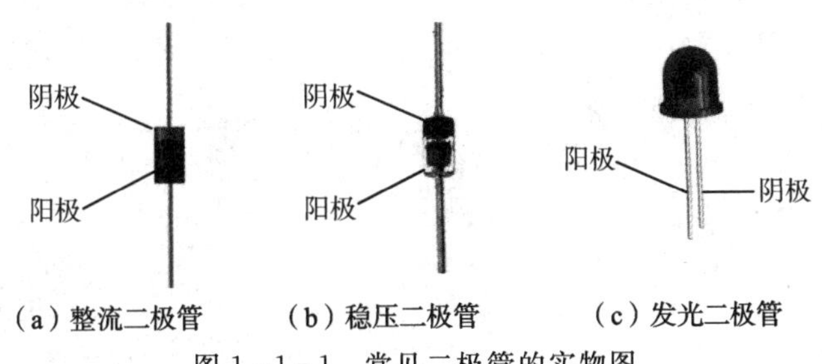

图 1-1-1　常见二极管的实物图

1)普通二极管极性检测

数字万用表置于二极管挡,红表笔插在“V·Ω”插孔,黑表笔插在“COM”插孔。用两支表笔分别接触二极管两个电极,若显示值在 1 V 以下,说明管子处于正向导通状态,红表笔接的是阳极,黑表笔接的是阴极;若显示溢出符号“1”,表明管子处于反向截止状态,黑表笔接的是阳极,红表笔接的是阴极。

2)普通二极管质量判别

常见二极管的导通电压如表 1-1-1 所示。

表 1-1-1　常见二极管的导通电压

类　　型		管压降/ V
普通光二极管	硅材料	0.7
	锗材料	0.3
直插式发光二极管	红色	2.0～2.2
	黄色	1.8～2.0
	绿色	3.0～3.2
光电二极管		0.2～0.4

根据表中参数,分别测试二极管正反导通电压,即可初步判断其质量好坏。

3)发光二极管检测

对于发光二极管来说,引脚长的为阳极,短的为阴极。如果引脚长度无法比较,可以观察发光二极管内部,管体内部金属极较小的是阳极,大的片状是阴极。若用眼睛不易判别,用数字万用表二极管挡,将红黑表笔分别接在两个引脚,若有读数(表 1-1-1),则红表笔一端为阳极;若读数为溢出符号“1”,则黑表笔一端为阳极。如果二极管正反测试电压均为溢出符号“1”或近似为 0 V,可判断此管已坏。

4)光电二极管检测

光电二极管和普通二极管一样,是由一个 PN 结组成的半导体器件,也具有单向导电特性。但在电路中它不是作整流元件,而是把光信号转换成电信号的光电传感器件。

普通二极管在反向电压作用时处于截止状态,只能流过微弱的反向电流,光电二极管在设计和制作时尽量使 PN 结的结面积相对较大,以便接收入射光。光电二极管是在反向电压作用下工作的,没有光照时,反向电流极其微弱,叫暗电流;有光照时,反向电流迅速增大到几十微安,称为光电流。光的强度越大,反向电流也越大。光的变化引起光电二极管电流变化,这就可以把光信号转换成电信号,成为光电传感器件。光电二极管实物图如图 1-1-2 所示。

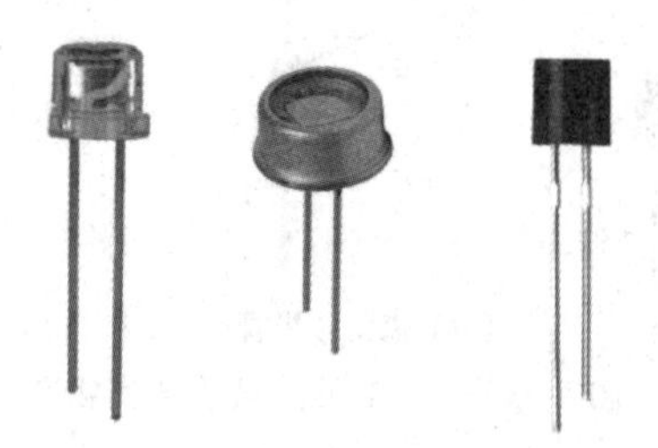

图 1-1-2　光电二极管的实物图

在光照下,光电二极管正向导通压降与光照强度成比例,一般可达 0.2～0.4 V,其极性识别及管子检测可参考发光二极管。

2. 晶体三极管的识别与检测

晶体三极管是半导体基本器件之一,具有检波、整流、放大、开关、稳压、信号调制等多种功能，是电子电路的核心元件。结构上可以把三极管看作是两个背靠背的 PN 结，对 NPN 型三极管来说基极是两个 PN 结的公共阳极，对 PNP 型三极管来说基极是两个 PN 结的公共阴极，如图 1-1-3 所示。

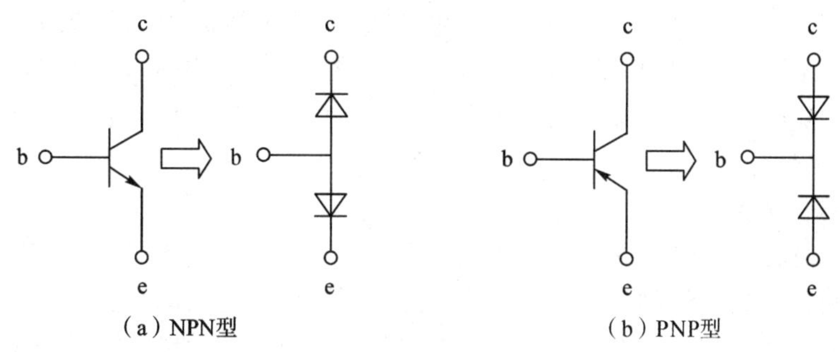

图 1-1-3　晶体三极管结构示意图

实验中我们一般选用常见的 TO-92 封装小功率三极管，如低频小功率硅管 9013（NPN）、9012（PNP），低噪声管 9014（NPN），高频小功率管 9018（NPN）以及开关管 8050（NPN）等，其外形及引脚排列如图 1-1-4 所示。

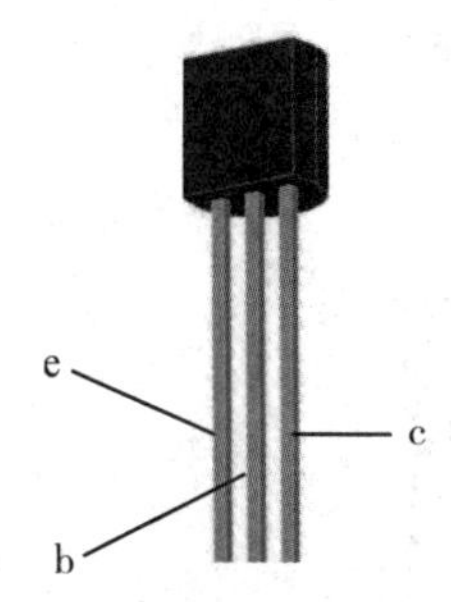

图 1-1-4　TO-92 封装小功率三极管引脚图

1）三极管基极与管型的判别

确定基极：将数字万用表置于二极管挡，红表笔任接一个引脚，用黑表笔依次接触另外两个引脚，如果两次显示的值均小于 1 V 或都显示溢出符号“1”，则红表笔所接的引脚就是基极 b；如果在两次测试中，一次显示值小于 1 V，另一次显示溢出符号“1”，表明红表笔接的引脚不是基极，再改用其它引脚重新测量，找出基极。

确定管型：将数字万用表置于二极管挡，将红表笔接基极，用黑表笔先后接触其它 2 个引脚，如果都显示 0.5～0.7 V（硅材料三极管 PN 结正向压降 0.7 V 左右，锗材料三极管 PN 结正向压降 0.3 V 左右），则被测管属于 NPN 型，若 2 次都显示溢出符号“1”，则表明被测管属于 PNP 型。

2）三极管发射极与集电极的判别

以 NPN 型管为例，将数字万用表置于“hFE”挡，使用 NPN 插孔。把基极插入 B 孔，剩余 2 个引脚分别插入 C 孔和 E 孔中。若测出的 h_{FE} 为几十到几百，说明管子属于正常接法，放大能力强，此时 C 孔插的是集电极 c，E 孔插的是发射极 e；若测出的 h_{FE} 只有几或十几，则表明被测管的集电极 c 与发射极 e 插反了，这时 C 孔插的是发射极 e，E 孔插的是集电极 c。为了使测试结果更可靠，可将基极 b 固定插在 B 孔，把集电极 c 与发射极 e 调换重复测试两次，以显示值大的一次为准，C孔插的引脚即是集电极c，E孔插的引脚则是发射极e。

3)三极管质量好坏测试

以NPN型为例，将基极b开路，测量c-e极间的电阻。用万用表红表笔接发射极，黑表笔接集电极，若阻值在几万欧以上，说明穿透电流较小，管子能正常工作；若c、e极间电阻小，则管子工作不稳定，在技术指标要求高的电路中不能使用；若测得阻值近似为0，则管子已被击穿；若阻值为无穷大，则说明管子内部已经断路。三极管发射结和集电结的测试方法与二极管相同。

4)三极管β值测量

$\beta(h_{FE})$是三极管的直流电流放大系数。将数字万用表置于“hFE”挡位，若被测三极管是NPN型管，则将管子的各引脚插入NPN插孔相应的插孔中；若被测三极管是PNP型管，则将管子的各引脚插入PNP插孔相应的插孔中，此时显示屏就会显示出被测管的h_{FE}值。

3. 整流桥的识别与简单测试

整流桥就是将整流二极管封在一个壳内，整流桥分为全桥和半桥。全桥是将连接好的桥式整流电路的四个二极管封在一起，整流桥的表面通常标注内部电路结构或者交流输入端以及直流输出端的名称，交流输入端通常用“AC”或符号“～”表示，直流输出端通常以“＋”“－”符号表示。整流桥的外形、引脚和内部结构图如图1-1-5所示，通常在其外壳上均分别标注出交流输入端A、B和直流输出端的正极C、负极D。

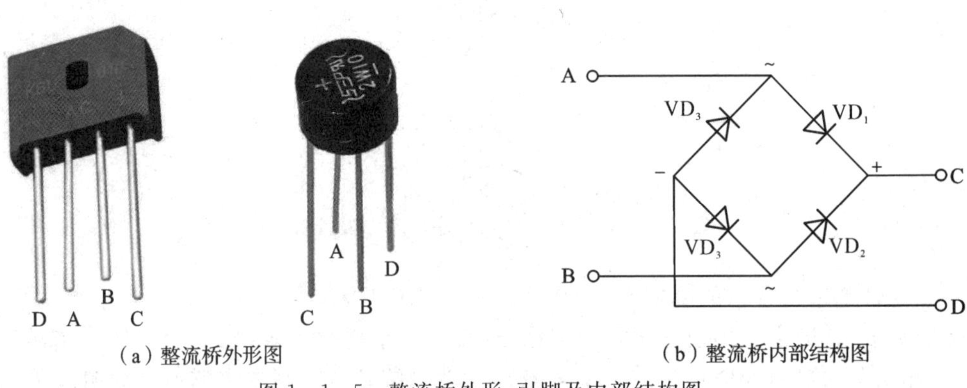

(a) 整流桥外形图　　(b) 整流桥内部结构图

图1-1-5　整流桥外形、引脚及内部结构图

测试方法与步骤：红表笔接整流桥负极，黑表笔接整流桥正极，此时测试结果为整个整流桥的压降参考值；如需分别测试每颗芯片的压降值，则方法为黑表笔接整流桥正极，红表笔分别探测两个交流脚位；红表笔接整流桥负极，黑表笔分别探测两个交流脚位，此时所测结果为内部独立二极管芯片的压降参数值。

上述测试结果为该整流桥内部二极管芯片压降的参考值，有示数说明该芯片正常，可以辅助判断整流桥通断与好坏情况。如有非一致的情况出现，比如显示为溢出符号“1”，则说明整流桥中该颗芯片已经损坏。

如整流桥无标注，可用以下方法判别整流桥管脚。

(1)将数字万用表置于二极管挡。

(2)将红表笔固定接某一引脚，用黑表笔分别接触其余三个引脚。如果测量出来的显示值一个在1 V以下，其余两个都显示溢出符号“1”，则红表笔所接的就是交流输入端A或B(交流电没有正负之分，所以 A、B 引脚可以互换）；如果测量显示值都显示溢出符号“1”，则红表笔所接的引脚就是直流输出端的正极 C；如果测量显示值两个在 1V 以下，一个为 1V 以上，则红表笔所接的引脚就是直流输出端的负极 D。

（3）将红表笔更换一个引脚，重复测试步骤（2），直至确定出全部四个引脚为止。

整流桥引脚间压降如表 1－1－2 所示。

表 1－1－2　整流桥引脚间压降

测量端	正向电压	反向电压
A－B	OL	OL
A－D；B－D	OL	0.6 V
A－C；B－C	0.6 V	OL
C－D	OL	1.2 V

注：表中 OL 表示万用表显示溢出符号“1”。

1.1.4　实验任务

（1）判断表 1－1－3 中所列二极管的管脚、极性及材料，判断二极管能否正常工作，并记录结果。

表 1－1－3　实验 1.1 测量结果 1

二极管	材料（硅、锗）	A—[▭]—B	能否正常工作
1N4007			
1N4729			
2AP9			

（2）按照图 1－1－6（a）、（b）分别连接电路，测试不同颜色发光二极管的正向导通压降和反向电压，将测量结果记入表 1－1－4 中。

（3）按照图 1－1－7 所示电路图连接电路，观察实验现象。

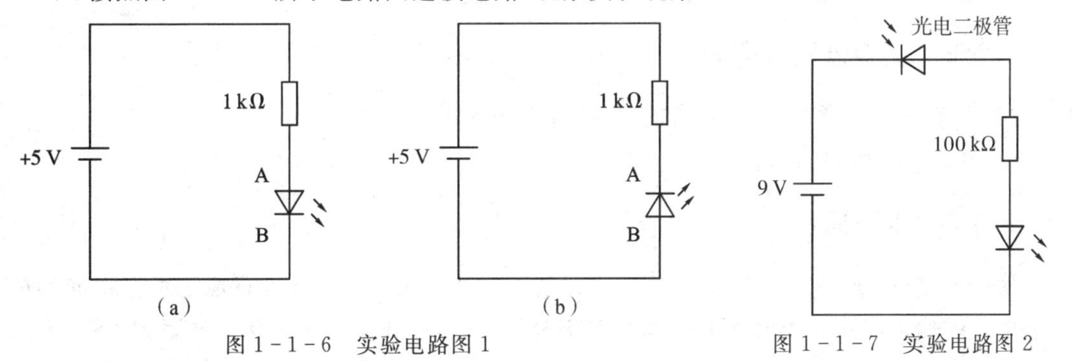

图 1－1－6　实验电路图 1　　图 1－1－7　实验电路图 2

表 1-1-4　实验 1.1 测量结果 2

发光二极管	正向电压 U_{AB}	反向电压 U_{BA}
绿色		
红色		

(4)判断表 1-1-5 所列三极管的管型、材料、引脚名称，并测量其 β 值，将测量结果记入表中。

表 1-1-5　实验 1.1 测量结果 3

三极管	管型(NPN、PNP)	材料(硅、锗)	管脚①	管脚②	管脚③	β
9012						
9014						

(5)用万用表测试所给整流桥，判断其管脚及整流桥的质量好坏。

1.1.5　实验总结与分析

(1)总结各类晶体管的性能特点。
(2)简要写出本次实验过程中遇到的问题及解决的方法。

1.2　单级共射放大电路

1.2.1　实验目的

(1)熟悉电子元器件、常用电子仪器及模拟电路实验设备的使用方法。
(2)掌握放大电路静态工作点的调试方法及对放大器性能的影响。
(3)掌握放大器电压放大倍数、输入电阻、输出电阻及最大不失真输出电压的测试方法。
(4)进一步掌握单级放大电路的工作原理。

1.2.2　实验仪器和器材

(1)电子技术实验箱、数字万用表、信号源、数字示波器。
(2)共射放大电路实验板。

1.2.3　电路原理

实验电路(图 1-2-1)为基极分压式共射极放大电路，该电路具有稳定工作点的功能。放大电路的偏置电路采用 R_{b1} 和 R_{b2} 组成基极分压电路，并在发射极中接有电阻 R_e(R_{e1}、R_{e2})，以稳定放大电路的静态工作点。当在放大电路的输入端加入输入信号 u_i 后，在放大电路的输出端便可得到一个与 u_i 相位相反、幅值被放大了的输出信号 u_o，从而实现了电压放大。

在图 1-2-1 电路中，当流过基极偏置电阻 R_{b1}、R_{b2} 的电流远大于晶体管 VT 的基极电流 I_B 时(一般 5～10 倍)，电路的静态工作点可用下式估算：

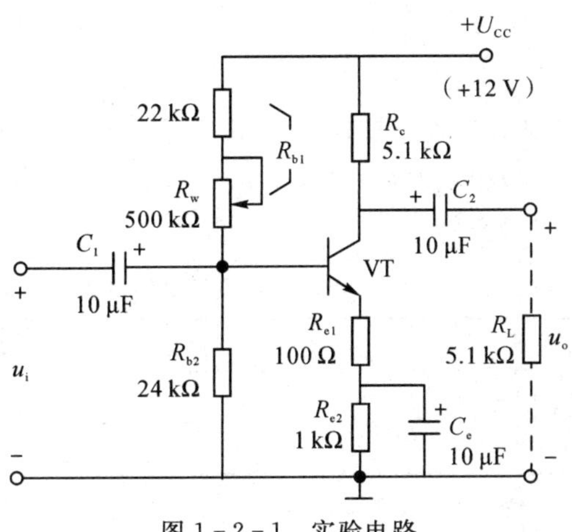

图 1-2-1　实验电路

$$U_{BQ} \approx \frac{R_{b2}}{R_{b1}+R_{b2}} U_{CC}$$

$$I_{CQ} \approx I_{EQ} = \frac{U_{BQ}-U_{BEQ}}{R_e}$$

$$U_{CEQ} \approx U_{CC} - I_{CQ}(R_c + R_e)$$

$$I_{BQ} = \frac{I_{CQ}}{\beta}$$

电路的动态参数可用以下公式计算：

$$A_u = -\frac{\beta(R_c \mathbin{/\!/} R_L)}{r_{be}}$$

$$R_i = R_{b1} \mathbin{/\!/} R_{b2} \mathbin{/\!/} r_{be}$$

$$R_o = R_c$$

式中，$r_{be} \approx 200\ \Omega + (1+\beta)\dfrac{26(\text{mV})}{I_{EQ}(\text{mA})}$。

为了让电路满足设计要求且能正常工作，需对电路的静态工作点进行调试。有了合适的静态工作点参数，才能测试出电路正确的动态参数。

1.2.4　实验任务

1. 静态工作点调整

调节 R_w，使 $U_E = 1.8$ V（即 $I_C = 1.6$ mA），用万用表测量 U_B、U_C 及 R_{b1} 的值，将测试结果记入表 1-2-1 中。

表 1-2-1　测试结果及计算结果 1

测量值				计算值		
U_B/V	U_E/V	U_C/V	R_{b1}/kΩ	U_{BE}/V	U_{CE}/V	I_C/mA
	1.8					

根据测量结果，判断三极管的工作状态。如果不在放大区，自行改变偏置元件参数以满足

放大要求。

2. 测试电压放大倍数

当图 1-2-1 电路处于放大工作状态时，放大电路输入端加入 10 mV/1 kHz(有效值)的正弦信号 u_i。测量 $u_o(R_L=\infty)$和 $u_L(R_L=5.1\ \text{k}\Omega)$，计算 A_o、A_L，并用示波器观察 u_i 和 u_o 的相位关系，将测试结果及计算结果记入表 1-2-2 中。

表 1-2-2　测试结果及计算结果 2

测量值			计算值	
u_i/mV	u_o/mV	u_L/mV	$A_o(u_o/u_i)$	$A_L(u_L/u_i)$
10				

3. 放大电路输入电阻和输出电阻测算

1)输入电阻测算

如图 1-2-2(a)所示，在输入端串接一个 5.1 kΩ 电阻，测量 u_s 与 u_i，将结果填入表 1-2-3，并计算输入电阻 R_i。

$$R_i=\frac{u_i}{i_i}=\frac{u_i}{(u_s'-u_i)/R}=\frac{u_i}{u_s'-u_i}R$$

2)输出电阻测算

如图 1-2-2(b)所示，在输出端接入一个 5.1 kΩ 电阻作为负载 R_L(图 1-2-1 中虚线部分)，分别测量有负载和空载时的输出 u_{oL} 和 u_o，将结果填入表 1-2-3，并计算输出电阻 R_o。

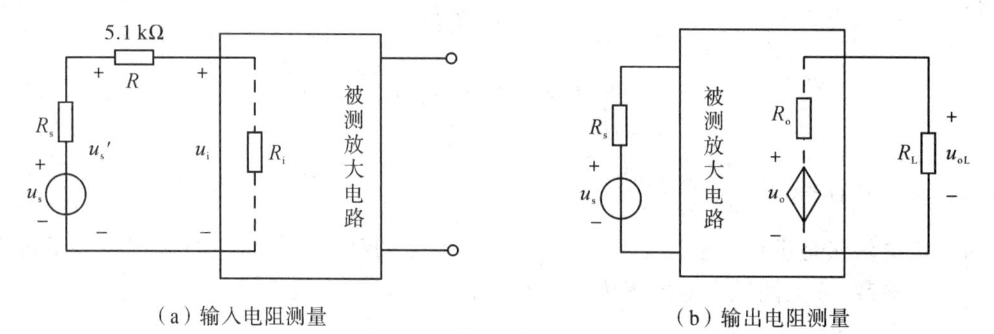

(a) 输入电阻测量　　(b) 输出电阻测量

图 1-2-2　放大电路输入电阻和输出电阻测量电路

表 1-2-3　测量结果及计算结果 3

输入电阻测算			输出电阻测算		
实　测		测　算	实　测		测　算
u_s	u_i	R_i	$u_{oL}(R_L=5.1\ \text{k}\Omega)$	$u_o(R_L=\infty)$	R_o

4. 观察静态工作点对输出波形失真的影响

在图 1-2-1 电路处于放大工作状态时，调节电位器 R_w，分别使其阻值减少或增加，观察输出波形的失真情况，分别测量出其相应的静态工作点，将结果记入表 1-2-4 中。

(1)保持 $R_c=5.1\ \text{k}\Omega$，$R_L\to\infty$，$U_E=1.8\ \text{V}$(即 $I_C=1.6\ \text{mA}$)，逐步加大输入信号，使输出电压 u_o 足够大，但不失真。

(2)增大 R_w，使波形上半部出现失真，绘出 u_o 的波形，并描述失真情况及管子工作状态。

(3)减小 R_w，使波形下半部出现失真，绘出 u_o 的波形，并描述失真情况及管子工作状态。

表 1－2－4　测量结果

U_E/V	U_{CE}/V	u_o 波形	失真情况	管子工作状态
1.8				

1.2.5　实验总结与分析

(1)用理论分析方法计算出电路的静态工作点(设三极管 $\beta=180$)，填入表 1－2－1 中，再与测量值进行比较，并分析产生误差的原因。

(2)针对本次实验电路，分析三极管 β 的不同对电路静态和动态结果的影响以及为了达到理想实验结果应采取的措施。

(3)通过电路的动态分析，计算出电路的电压放大倍数，包括不接负载时的 A_o 以及接上负载时的 A_L。将计算结果填入表 1－2－2 中，再与测量值进行比较，并分析产生误差的原因。

(4)简要写出本次实验调试过程中故障排除的分析过程和体会。

1.3　差分式放大电路

1.3.1　实验目的

(1)加深对差分式放大电路性能及特点的理解。

(2)学习差分式放大电路性能指标的测试方法。

1.3.2　实验仪器和器材

(1)电子技术实验箱、数字万用表、信号源、数字示波器。

(2)差放电路实验板。

1.3.3　实验原理

基本差分式放大电路如图 1－3－1 所示。电路由两个参数相同的基本共射放大电路组成。当开关 S 与 1 端相连，R_e 接入电路时，构成典型的差分放大电路。调零电位器 R_w 用来调节 VT_1、VT_2 管的静态工作点，使得输入信号 $u_{i1}=0$、$u_{i2}=0$ 时，双端输出电压 $u_o=0$。R_e 为两管共用的发射极电阻，它对差模信号无负反馈作用，因此不影响差模电压增益，但对共模信号有较强的负反馈作用，故可以有效地抑制零漂，稳定静态工作点。

当开关 S 与 2 端相连时，VT_3 接入电路，电路构成具有恒流源的差分放大电路。用有源

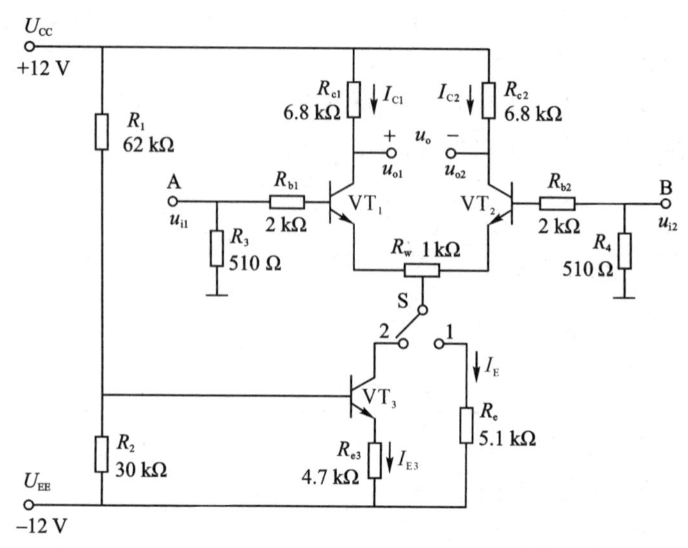

图 1-3-1　差分式放大电路原理图

负载取代发射极电阻 R_e，可以进一步提高差分放大电路对共模信号的抑制能力。

在电路完全对称的情况下，电路输出电压为

$$u_o = A_{ud} u_{id} + A_{uc} u_{ic}$$

式中，$A_{ud} = u_{od}/u_{id}$ 为差模电压增益，$A_{uc} = u_{oc}/u_{ic}$ 为共模电压增益，$u_{id} = u_{i1} - u_{i2}$ 为差模信号，$u_{ic} = (u_{i1} + u_{i2})/2$ 为共模信号。

1. 静态工作点的工程估算

当 S 与 1 端相连，电路接入 R_e 时

$$I_E \approx \frac{2(U_{EE} - U_{BE})}{\frac{1}{2}R_w + 2R_e} \text{（认为 } U_{B1} = U_{B2} \approx 0\text{）}$$

$$I_{C1} = I_{C2} = \frac{1}{2} I_E$$

当 S 与 2 端相连，电路接入恒流源时

$$I_{C3} \approx I_{E3} \approx \frac{\frac{R_2}{R_1 + R_2} \times (U_{CC} + |U_{EE}|) - U_{BE}}{R_{e3}}$$

$$I_{C1} = I_{C2} = \frac{1}{2} I_{C3}$$

2. 静态工作点的调试

差分式放大电路要求电路两边的元器件完全对称，即两管型号相同、特性相同及各对应电阻值相等，但实际中总是存在元器件不匹配的情况，从而产生失调漂移，即 $u_i = 0$ 时，双端输出电压 $U_O \neq 0$。为了消除失调漂移，实验电路采用了发射极调零电路来调节电路的对称性。所以静态工作点调整就是调节 R_w，使得输入信号 $u_i = 0$ 时，双端输出电压 $U_O = 0$。

静态工作点的测量就是测出三极管各电极对地直流电压 U_{BQ}、U_{EQ}、U_{CQ}，从而计算得到 U_{CEQ}、I_{CQ}。在测量直流电流时，通常采用间接测量法测量，即通过直流电压来计算直流电流。

3. 电压增益

当差分放大电路的射极电阻 R_e 足够大，或采用恒流源电路时，差模电压增益 A_{ud} 由输出方式决定，与输入方式无关。

双端输出：$R_e \to \infty$，R_w 在中心位置时

$$A_{ud} = \frac{u_o}{u_{id}} = -\frac{\beta R_{c1}}{R_{b1} + r_{be} + \frac{1}{2}(1+\beta)R_w}$$

单端输出

$$A_{ud1} = \frac{u_{o1}}{u_{id}} = \frac{1}{2}A_{ud}$$

$$A_{ud2} = \frac{u_{o2}}{u_{id}} = -\frac{1}{2}A_{ud}$$

在共模工作方式下，若为单端输出，则有

$$A_{uc1} = A_{uc2} = \frac{u_{o1}}{u_{ic}} \approx -\frac{R_c}{2R_e}$$

若为双端输出，在理想情况下

$$A_{uc} = \frac{u_{oc}}{u_{ic}} \approx 0$$

实际上由于元件不可能完全对称，因此 A_{uc} 也不可能绝对等于零。

4. 共模抑制比 K_{CMR}

为了表征差分放大电路放大差模信号和抑制共模信号的能力，通常用一个综合指标来衡量，即共模抑制比

$$K_{CMR} = \left|\frac{A_{ud}}{A_{uc}}\right| \quad 或 \quad K_{CMR} = 20\lg\left|\frac{A_{ud}}{A_{uc}}\right| (\mathrm{dB})$$

K_{CMR} 越大，共模抑制能力越强，放大器性能越优良。

差分式放大电路的输入信号可采用直流信号，也可采用交流信号。本实验由函数信号发生器提供 $f = 1$ kHz 的正弦信号作为输入信号。

5. 输入、输出电阻

差分放大器差模输入电阻远小于测量仪表的内阻，一般通过测量电压计算输入、输出电阻，详见测试内容4、5。

1.3.4　实验任务

1. 测量静态工作点

1)调零

按照图1－3－1连接电路，正确接入 $U_{CC} = +12$ V 和 $U_{EE} = -12$ V 电源。

将差分式放大电路输入端A、B接地，用导线将S分别与1、2相连，用万用表的直流电压挡测量两个输出端之间的电压 U_O，调节电位器 R_w，使 $U_O = 0$。静态调整的越对称，该差放电路的共模抑制比就越高。

2)测量静态工作点

测量三极管 VT_1、VT_2 各极对地电位，将测量结果记录于表1－3－1中。

表 1-3-1　静态工作点测试

测试条件	电路形式	三极管	测试数据			计算数据		
			U_{BQ}(V)	U_{CQ}(V)	U_{EQ}(V)	U_{CEQ}(V)	U_{BEQ}(V)	I_{CQ}(mA)
$U_{C1}=U_{C2}$	S与1相连	VT_1						
		VT_2						
	S与2相连	VT_1						
		VT_2						

2. 测量差模电压增益 A_{ud}

使电路处于差模输入状态，调节信号源输出 $f=1$ kHz、$u_i=100$ mV 有效值的正弦信号，将信号源接在放大器输入端 A、B 间，此时信号源浮地。放大电路两个输出端分别接示波器 CH1、CH2 通道，在输出波形不失真的情况下，测量 S 分别和 1、2 相连时的输出电压 u_{od1}、u_{od2} 及 u_{od}，将测量结果记录于表 1-3-2 中；观察并记录输入信号 u_i 与输出信号 u_{od1}、u_{od2} 之间的相位关系，绘制相应波形。

表 1-3-2　测试差模电压增益

电路形式	测试数据/ V			计算数据		
	u_{od1}	u_{od2}	u_{od}	A_{ud1}	A_{ud2}	A_{ud}
S与1相连						
S与2相连						
波形	u_i 与 u_{od1} 的相位关系			u_{od1} 与 u_{od2} 的相位关系		

3. 测量共模电压增益 A_{uc}

将放大器输入端 A、B 短接，调节信号源输出 $f=1$ kHz、$u_i=300$ mV 有效值的正弦信号，将信号源接在放大器输入端 A、B 与地之间。在输出波形不失真的情况下，测量 S 分别与 1、2 相连时的输出电压 u_{oc1}、u_{oc2} 及 u_{oc}，将测量结果记录于表 1-3-3 中；观察并记录输入信号 u_i 与输出信号 u_{oc1}、u_{oc2} 之间的相位关系，绘制相应波形。

表 1-3-3　测试共模电压增益

电路形式	测试数据/ V			计算数据		
	u_{oc1}	u_{oc2}	u_{oc}	A_{uc1}	A_{uc2}	A_{uc}
S与1相连						
S与2相连						
波形	u_i 与 u_{oc1} 的相位关系			u_{oc1} 与 u_{oc2} 的相位关系		

4. 测试差模输入电阻 R_{id}

如图 1-3-2 所示，在信号源与差分放大电路输入端之间串入一个电阻 $R_s = 2\ \text{k}\Omega$，输入 $f = 1\ \text{kHz}$、$u_s = 100\ \text{mV}$ 的正弦信号，在输出波形不失真的情况下，S 分别连接 1、2 时测量 u_i，测量结果记录于表 1-3-4，计算 $R_{id} = \dfrac{u_i}{u_s - u_i} \times R_s$。测试完成后恢复原电路。

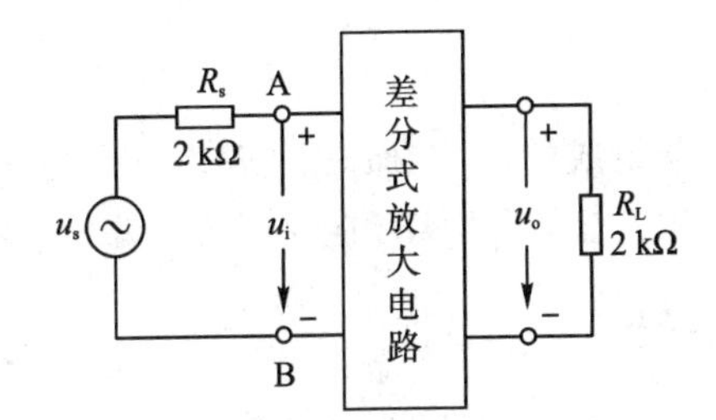

图 1-3-2　差分式放大电路输入、输出电阻测量电路

表 1-3-4　测试差模输入电阻

电路形式	测试数据		计算数据
	u_s/mV	u_i/mV	R_{id}/kΩ
S与1相连			
S与2相连			

5. 测试差模双端输出电阻 R_{od}

如图 1-3-2 所示，输入 $f = 1\ \text{kHz}$、$u_s = 100\ \text{mV}$ 的正弦信号，在输出波形不失真的情况下，S 分别与 1、2 相连时，测量差分放大电路空载输出电压 u_o 和带载时的输出电压 u_L。测量结果记录于表 1-3-5，计算 $R_{od} = \left(\dfrac{u_o}{u_L} - 1\right) \times R_L$。

表 1-3-5　测试差模双端输出的 R_{od}

电路形式	测试数据		计算数据
	u_o/mV ($R_L = \infty$)	u_L/mV ($R_L = 2\ \text{k}\Omega$)	R_{od}/kΩ
S与1相连			
S与2相连			

1.3.5　实验总结与分析

(1)用理论分析方法计算出电路的静态工作点，填入表 1-3-1 中，再与测量值进行比较，并分析产生误差的原因。

(2)通过电路的动态分析，计算出电路的电压增益理论值，包括 A_{ud1}、A_{ud2}、A_{ud}、A_{uc1}、A_{uc2}、A_{uc}，将计算结果分别填入表 1-3-2、表 1-3-3，再与测量值进行比较，并分析产生误差的原因。

(3)计算出典型差放电路 K_{CMR} 实测值和具有恒流源的差放电路 K_{CMR} 实测值，进行比较分析，总结电阻 R_e 和恒流源的作用。

(4)简要写出本次实验调试过程中故障排除分析过程和心得体会。

1.4 集成运算放大器的应用

1.4.1 实验目的

(1)掌握由集成运算放大器组成的比例、加法、减法和积分等运算电路的原理和功能。

(2)掌握运算放大器的使用方法，了解实际应用时应考虑的一些问题。

1.4.2 实验仪器和器材

(1)电子技术实验箱、数字万用表、信号源、数字示波器。

(2)集成运放实验板。

1.4.3 实验原理

集成运算放大器是一种具有高电压放大倍数的直接耦合多级放大电路。本实验采用的集成运算放大器型号为 μA741，引脚排列如图 1-4-1 所示。

1. 反相比例运算电路

反相比例运算电路如图 1-4-2 所示。图中 R_f 为反馈电阻，构成深度电压并联负反馈。同相端通过电阻 R_2 接地，R_2 称为直流平衡电阻，其作用是使集成运放两输入端的对地直流电阻相等，从而减小输入级偏置电流引起的运算误差，故 $R_2=R_1 // R_f$。

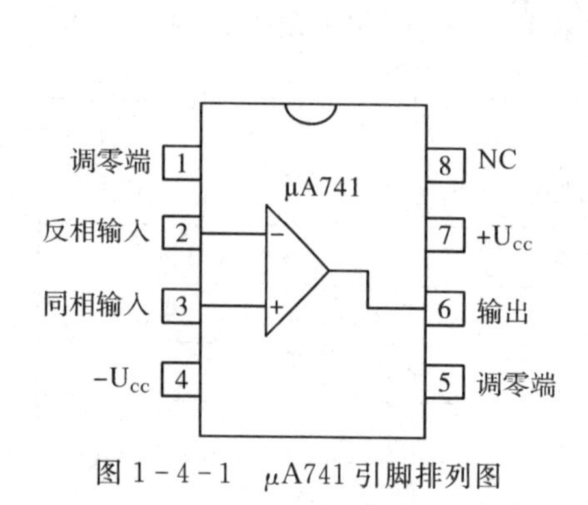

图 1-4-1 μA741 引脚排列图

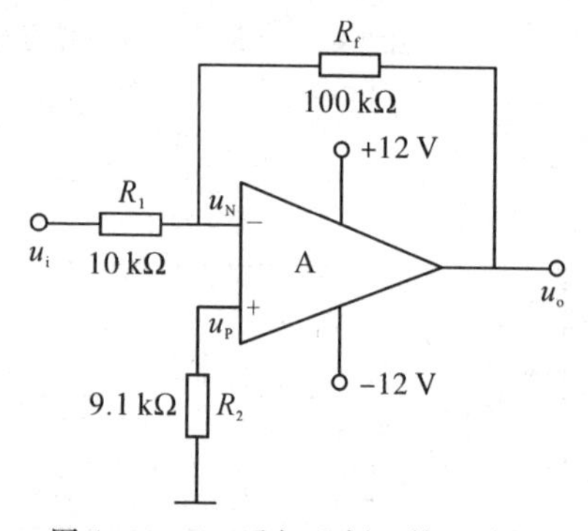

图 1-4-2 反相比例运算电路

对于理想运算放大器，其输出电压为

$$u_o=-\frac{R_f}{R_1}u_i$$

由式可知，选择不同的电阻比值，就改变了运算放大器的闭环增益。

2. 同相比例运算电路

图 1-4-3 是同相比例运算电路，输出信号通过反馈电阻 R_f 反馈到反相输入端，构成深度电压串联负反馈。R_2 是平衡电阻，满足 $R_2=R_1 // R_f$。

理想情况下，同相比例运算电路的输出电压与输入电压之间的关系为

$$u_o = (1 + \frac{R_f}{R_1})u_i$$

当 $R_1 \to \infty$ 时，$u_o = u_i$，即得到如图 1-4-4 所示的电压跟随器。图中 $R_2 = R_f$，用以减小漂移和起保护作用。一般取 $R_f = 10\ \mathrm{k\Omega}$，$R_f$ 太小起不到保护作用，太大则影响跟随性。

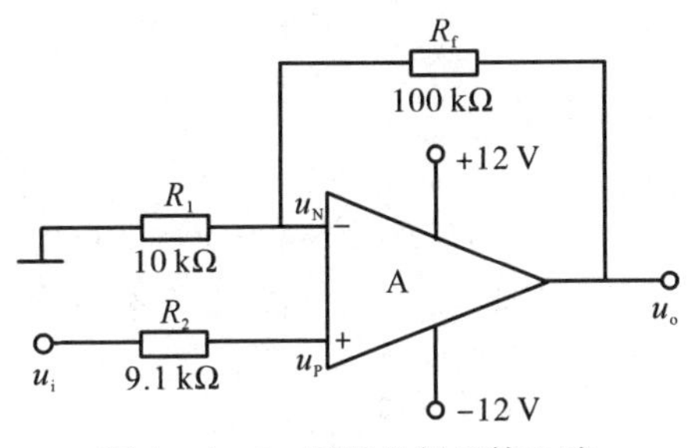

图 1-4-3　同相比例运算电路

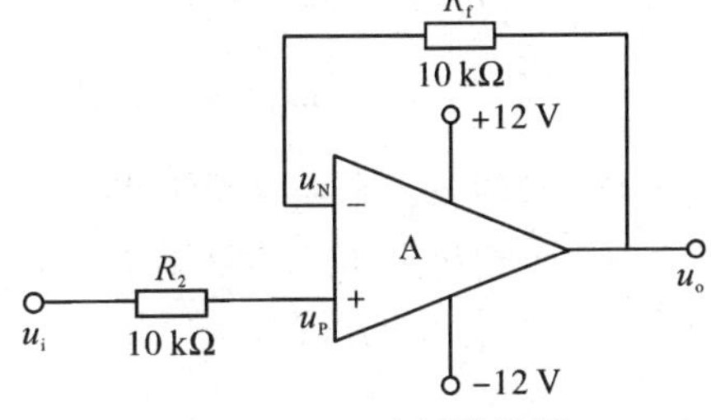

图 1-4-4　电压跟随器

3. 加法运算电路

电路如图 1-4-5 所示，图中平衡电阻 $R_3 = R_1 /\!/ R_2 /\!/ R_f$。当运算放大器开环增益足够大时，其输入端为虚地，$u_{i1}$ 和 u_{i2} 分别通过 R_1 和 R_2 转换成电流，实现代数相加运算，其输出电压

$$u_o = -(\frac{R_f}{R_1}u_{i1} + \frac{R_f}{R_2}u_{i2})$$

当 $R_1 = R_2 = R$ 时

$$u_o = -\frac{R_f}{R}(u_{i1} + u_{i2})$$

实现了反相加法运算，故图 1-4-5 电路为反相加法运算电路。如果 $R_f = R$，则 $u_o = -(u_{i1} + u_{i2})$。

4. 减法运算电路

图 1-4-6 所示电路为减法运算电路。当 $R_1 = R_2$，$R_3 = R_f$ 时，输出电压

$$u_o = \frac{R_f}{R_1}(u_{i2} - u_{i1})$$

如果 $R_f = R_1$，则 $u_o = u_{i2} - u_{i1}$，实现了减法运算。

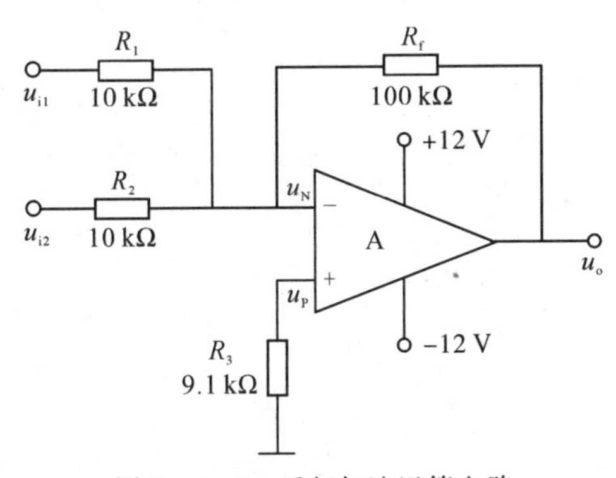

图 1-4-5　反相加法运算电路

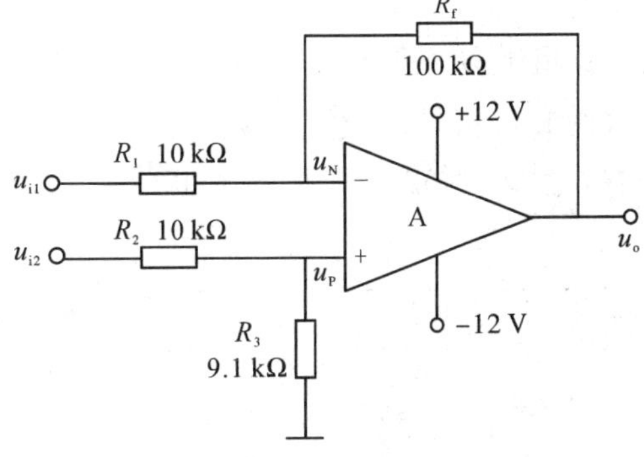

图 1-4-6　减法运算电路

5. 积分运算电路

反相积分运算电路如图 1-4-7 所示，当运算放大器开环电压增益足够大时，则

$$u_o(t) = -\frac{1}{R_1 C}\int_0^t u_i(t)\mathrm{d}t + u_C(0)$$

式中，$u_C(0)$是 $t=0$ 时刻电容 C 的初始值。

当输入信号 $u_i(t)$为幅度是 U 的阶跃电压时，并设 $u_C(0)=0$，则有

$$u_o(t) = -\frac{1}{R_1 C}\int_0^t U\mathrm{d}t = -\frac{1}{R_1 C}Ut$$

此时输出电压 $u_o(t)$的波形是随时间线性下降的，如图 1-4-8 所示。从图可以看出，R_1C 的数值越大，达到给定输出电压 u_o 值所需的时间就越长。积分输出电压所能达到的最大值受集成运放最大输出电压范围的限制。

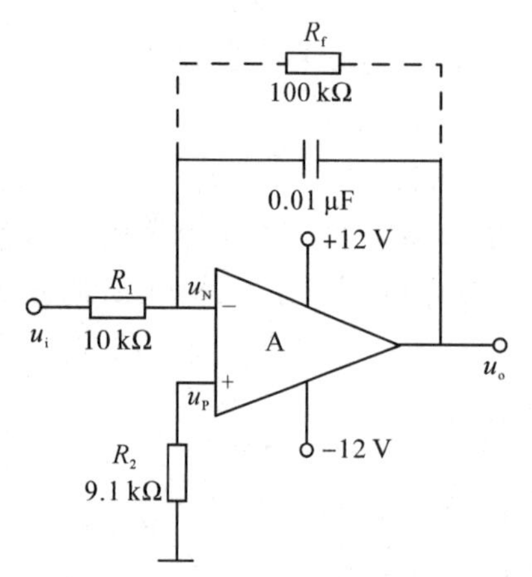

图 1-4-7　反相积分运算电路

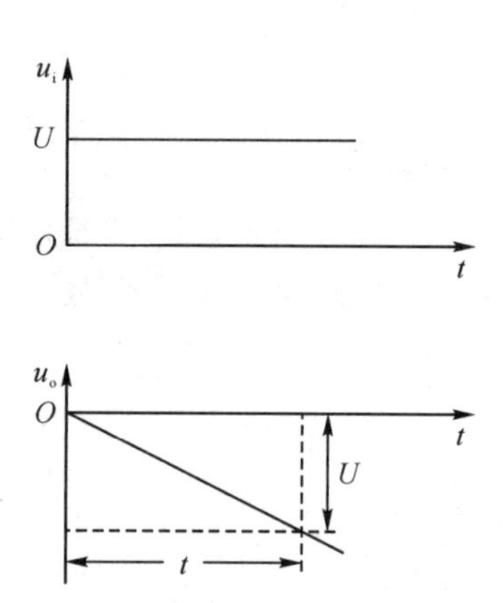

图 1-4-8　积分运算电路输出波形

实际电路中，通常在积分电容两端并联反馈电阻 R_f，用作直流反馈，目的是减小集成运算放大器输出端的直流漂移。但是 R_f 的加入将对电容 C 产生分流作用，从而导致积分误差。为克服误差，一般须满足 $R_fC \gg R_1C$。C 太小，会加剧积分漂移；但 C 增大，电容漏电也随之增大。通常取 $R_f > 10R_1$。

1.4.4　实验任务

1. 反相比例运算电路

按图 1-4-2 连接电路，输入 $f=1$ kHz、$u_i=0.5$ V(有效值)的正弦交流信号，测量输出电压的有效值 u_o，并观察 u_i 和 u_o 的相位关系，将测试结果记入表 1-4-1 中。

表 1-4-1　反相比例运算电路数据表

u_i/V	u_o/V	A_u(理论)	A_u(实测)	u_i 波形	u_o 波形

2. 同相比例运算电路

(1)按图 1-4-3 连接电路,输入 f=1 kHz、u_i=0.5 V(有效值)的正弦交流信号,测量输出电压的有效值 u_o,并观察 u_o 和 u_i 的相位关系,将测试结果记入表 1-4-2 中。

(2)将图 1-4-3 中的 R_1 断开,得到图 1-4-4 电路,保持输入信号不变,测量 u_o 的有效值,并观察 u_i 和 u_o 的相位关系,将测试结果记入表 1-4-2 中。

表 1-4-2　同相比例运算电路数据表

R_1 情况	u_i/V	u_o/V	A_u(理论)	A_u(实测)	u_i 波形	u_o 波形
R_1 连接	0.5					
R_1 断开	0.5					

3. 反相加法运算电路

按图 1-4-5 连接电路,根据表 1-4-3 中给出的 u_{i1}、u_{i2} 的值测输出电压 u_o,将测试结果记入表中。

表 1-4-3　反相加法运算电路数据表

u_{i1}/V	5	5	5	5	5
u_{i2}/V	1.5	2.5	3.5	4.5	5.5
u_o/V					

4. 比例减法运算电路

按图 1-4-6 连接电路,根据表 1-4-4 中给出的 u_{i1}、u_{i2} 的值测输出电压 u_o,将测试结果记入表中。

表 1-4-4　减法运算电路数据表

u_{i1}/V	1.5	2	2.5	3	3.5	4
u_{i2}/V	5	5	5	5	5	5
u_o/V						

5. 积分运算电路

按照图 1-4-7 接好电路,从输入端输入 f=50 Hz、u_i=1 V 的方波,用双踪示波器观察输出波形与输入波形。记录波形,并且标出幅值与周期。

1.4.5　实验总结与分析

(1)整理实验数据,画出波形图(注意波形间的相位关系)。

(2)将理论计算结果和实测数据相比较,分析产生误差的原因。

(3)分析讨论实验中出现的现象和问题。

(4)回答以下问题：

①在反相加法器中，如 u_{i1} 和 u_{i2} 均采用直流信号，并选定 $u_{i2}=-1$ V，当考虑到运算放大器的最大输出幅度(±12 V)时，$|u_{i1}|$ 的大小不应超过多少伏？

②在积分电路中，如 $R_1=100$ kΩ，$C=4.7$ μF，求时间常数。假设 $u_i=0.5$ V，要使输出电压 u_o 达到 5 V，需多长时间(设 $u_C(0)=0$)？

1.5　功率放大电路

1.5.1　实验目的

(1)进一步学习 OTL 功率放大电路的特性及作用。

(2)掌握 OTL 功率放大电路静态工作点的调试方法。

(3)掌握功率放大器输出功率、效率的测量方法。

(4)了解集成功率放大器外围电路元件参数的选择与集成功率放大器的使用方法。

1.5.2　实验仪器和器材

(1)电子技术实验箱、数字万用表、信号源、数字示波器。

(2)功放电路实验板。

(3)LM386 功放集成块、音频线、扬声器及电阻、电容若干。

1.5.3　调试电路

1. 电路原理

图 1-5-1 为甲乙类单电源互补对称放大器电路的原理图。其中由三极管 VT_1 组成推动级(也称前置放大级)，VT_2 和 VT_3 是一对参数对称的 NPN 和 PNP 型的晶体三极管，他们组成互补推挽功放电路。VT_2 和 VT_3 都接成射极输出器形式，因此具有输出电阻低、负载能

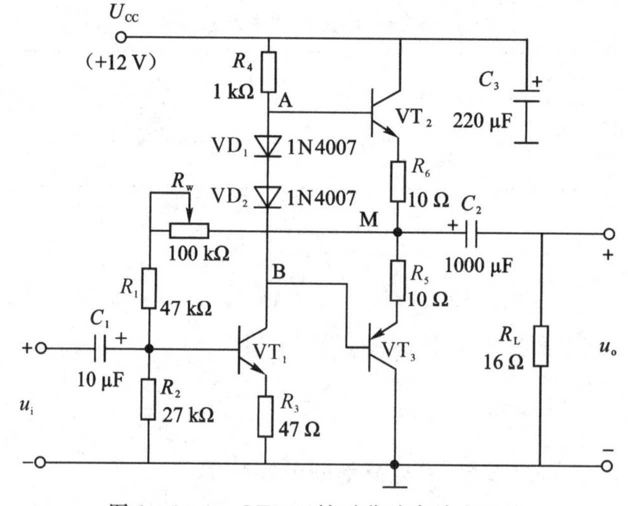

图 1-5-1　OTL 互补对称功率放大电路

力强等优点，适合于作功率输出级。

VT_1 管工作于甲类状态，它的集电极电流 I_{C1} 由电位器 R_w 进行调节。I_{C1} 的一部分电流经二极管 D_1、D_2 给 VT_2 和 VT_3 提供适当的偏压，使 VT_2 和 VT_3 工作于甲乙类状态，以克服交越失真。静态时要求输出端中点 M 的电位 $U_M = U_{CC}/2$，可以通过调节 R_w 来实现；又由于 R_w 的一端接在 M 点，因此在电路中引入交、直流电压并联负反馈，一方面能够稳定放大器的静态工作点，同时也改善了非线性失真。

1）最大输出功率 P_{om}

在理想情况下

$$P_{om} = \frac{1}{8}\frac{U_{CC}^2}{R_L}$$

在实验中可通过测量 R_L 两端的电压有效值 U_o 求得

$$P_{om} = \frac{U_o^2}{R_L}$$

2）直流电源供给的平均功率 P_E

$$P_E = \frac{4}{\pi}P_{om}$$

在实验中根据测量出的电压有效值 U_o，计算出 P_{om}，进而计算出 P_E。也可测量电源供给的平均电流 I_d，从而求得 $P_E = U_{CC}I_d$。

3）效率 η

$$\eta = \frac{P_{om}}{P_E} \times 100\%$$

理想情况下，$\eta = 78.5\%$。

4）最大输出功率时晶体管的管耗 P_T

$$P_T = P_E - P_{om}$$

理想情况下

$$P_T = \left(\frac{4}{\pi} - 1\right)\frac{U_{CC}^2}{8R_L}$$

2. 集成功放电路

集成功放 LM386 是一种频率响应宽（可达数百 kHz）、静态功耗低（常温下 $U_{CC}=6$ V 时为 24 mW）、适用电压范围宽（$U_{CC}=4\sim16$ V）的低电压通用型单电源互补对称功放集成电路，在电源电压为 9 V，负载电阻为 8 Ω 时，最大输出功率为 1.3 W；在电源电压为 16 V，负载电阻为 16 Ω 时，最大输出功率为 2 W。该电路外接元件少，使用时不需要加散热片。

由 LM386 组成的功放参考电路如图 1-5-2 所示，图中 R_{w1} 为输入衰减电位器（音量控制），信号由同相端（3 脚）输入，反相端（2 脚）接地。C_3 为接在直流电源 U_{CC} 端（6 脚）的退耦电容，C_7 为输出（5 脚）耦合电容，C_5 为旁路电容（7 脚），C_4、R_{w2} 为跨接在 1 脚与 8 脚之间的增益控制阻容元件。当 1 脚和 8 脚开路时，电压增益为 20，如果在 1 脚和 8 脚之间接阻容串联元件，则最高电压增益可达 200。改变阻容值则电压增益可在 20～200 任意选取，其中电阻值越小，电压增益越大。

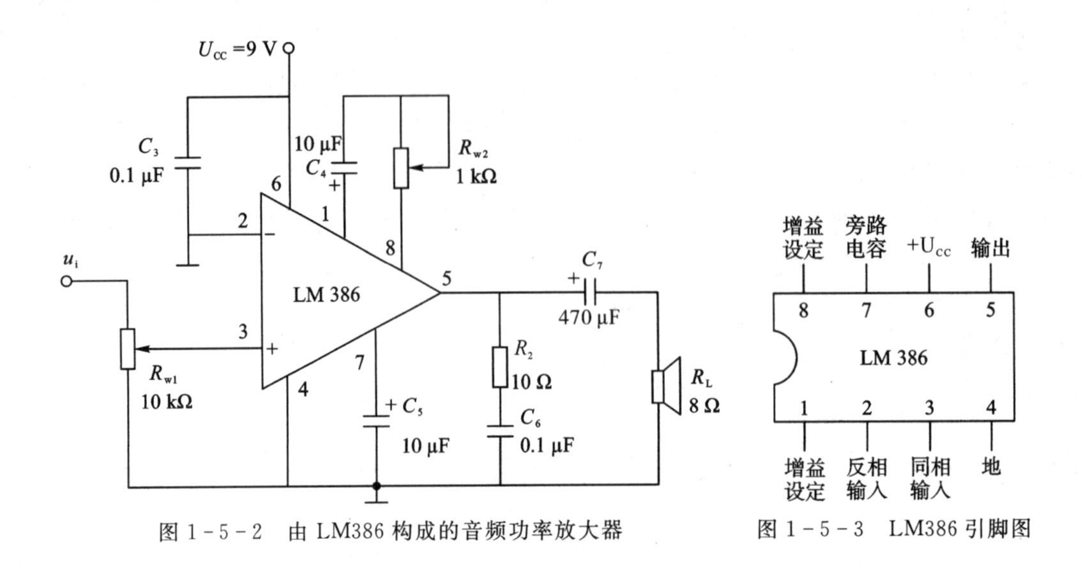

图 1-5-2 由 LM386 构成的音频功率放大器　　图 1-5-3 LM386 引脚图

1.5.4 实验任务

1. 测量最大输出功率 P_{om} 和效率 η

按图 1-5-1 连接电路，调节电位器 R_w，使 $U_M=U_{CC}/2$。给电路加 $u_i=1$ kHz 的正弦输入电压信号，用示波器观察输出波形。逐渐加大信号源输入电压幅值，当观察到输出波形为最大不失真时，测量负载电阻 R_L 两端的电压有效值 U_o，完成表 1-5-1。

表 1-5-1 实验 1.5 测量结果表

负载值	P_{om} 理想值 ($P_{om}=U_{CC}^2/(8R_L)$)	η 理想值	U_o(有效值)实测	P_{om} 实测值 ($P_{om}=U_o^2/R_L$)	P_E	η
$R_L=16\ \Omega$						
$R_L=8\ \Omega$						

2. 将 A、B 两点用短路线连接，观察输出波形的失真情况

3. 按照图 1-5-2 搭接电路

(1)在输入端接入 500 Hz、250 mV 正弦信号，输出端接实验箱扬声器。改变输入信号频率，听扬声器声调变化情况。

(2)用音频信号线将手机音频信号接入电路输入端，输出端用独立扬声器播放音乐，听播放效果，并同时用示波器观察输出音频信号波形。

1.5.5 实验总结与分析

(1)用理论分析方法计算出图 1-5-1 电路的最大输出功率 P_{om} 和效率 η，填入表 1-5-1 中，再与测量值进行比较，并分析产生误差的原因。

(2)分析测试步骤 2 中输出波形的成因。如果 A、B 两点没有短路，二极管 D_1、D_2 反接或

烧坏(开路),会产生什么现象?

(3)实验步骤 3 中,如果扬声器播放声音很小,可能有哪些因素?

(4)对实验过程出现的问题及解决方法进行总结。

1.5.6　注意事项

(1)功率放大器输出大电压、大电流,工作在极限状态,产热较多,需要谨慎操作防止烧毁功放。

(2)测量最大输出功率 P_{om}时,一定使输入电压 u_i 置最小,然后逐渐增大输入 u_i。

1.6　整流、滤波、稳压电路

1.6.1　实验目的

(1)熟悉直流稳压电源的组成及整流、滤波、稳压的工作原理。

(2)观察和分析单相半波和单相桥式整流电路的输出波形,并验证这两种整流电路输出电压和输入电压的数值关系。

(3)了解电容滤波电路的作用,观察桥式整流电路加上电容滤波后的输出波形,研究滤波电容的大小对输出波形的影响。

(4)掌握三端集成稳压电路的使用方法和主要技术指标的测试方法。

1.6.2　实验仪器和器材

(1)电子技术实验箱、数字万用表、数字示波器。

(2)直流稳压电源实验板。

1.6.3　实验原理

直流稳压电源是将 220 V 的交流市电变化为适合电子器件工作的直流电压的功能电路,其电路组成如图 1-6-1 所示。

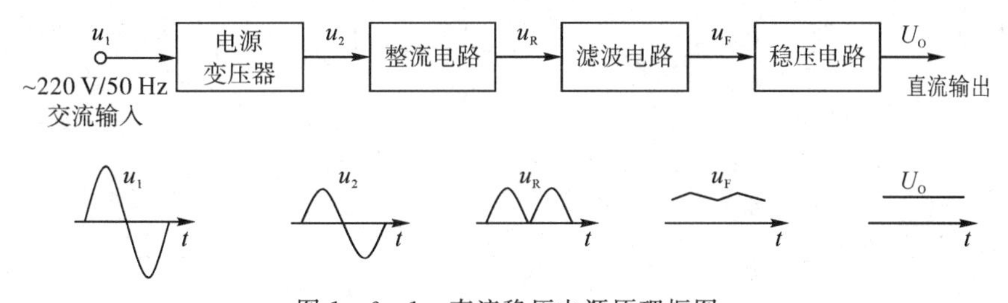

图 1-6-1　直流稳压电源原理框图

电网供给的交流电压 u_1 经电源变压器降压后,得到符合电路需要的交流电压 u_2,然后由整流电路变换成方向不变、大小随时间变化的脉动电压 u_R,再由滤波器滤去其交流分量,就可得到比较平直的直流电压。但这样的直流输出电压 u_F还会随交流电网电压的波动或负载的变动而变化。在对直流供电要求较高的场合,还需要使用稳压电路,以保证输出直流电压更加稳定。

LM78××、LM79××系列三端式稳压器的输出电压是固定的，在使用中不能进行调整。LM78××系列三端式稳压器输出正极性电压，一般有 5 V、6 V、9 V、12 V、15 V、18 V、24 V 七个档次，输出电流最大可达 1.5 A(加散热片)。同类型 78M 系列稳压器输出电流为 0.5 A，78L 系列稳压器输出电流为 0.1 A。若要求负极性输出电压，则可选用 LM79××系列稳压器。

图 1-6-2 为 LM78××系列的外形和接线图。它有三个引出端：输入端(不稳定电压输入端)，标以“1”；输出端(稳定电压输出端)，标以“3”；公共端，标以“2”。

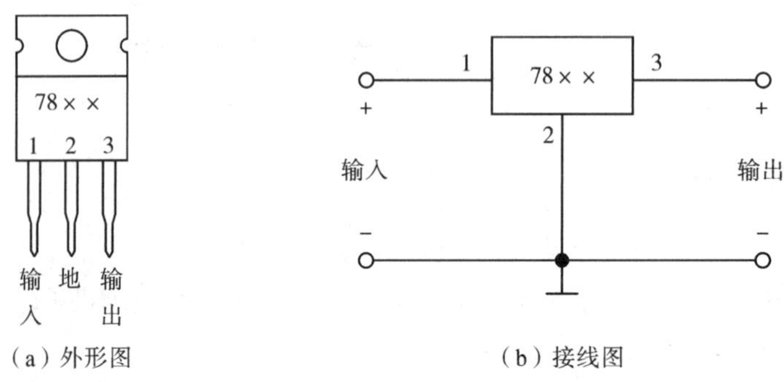

图 1-6-2　LM78××系列的外形和接线图

除固定输出三端稳压器外，还有可调式三端稳压器。后者可通过外接元件对输出电压进行调整，以适应不同的需要。图 1-6-3 为输出正电压可调的三端稳压器 LM317 外形及接线图。

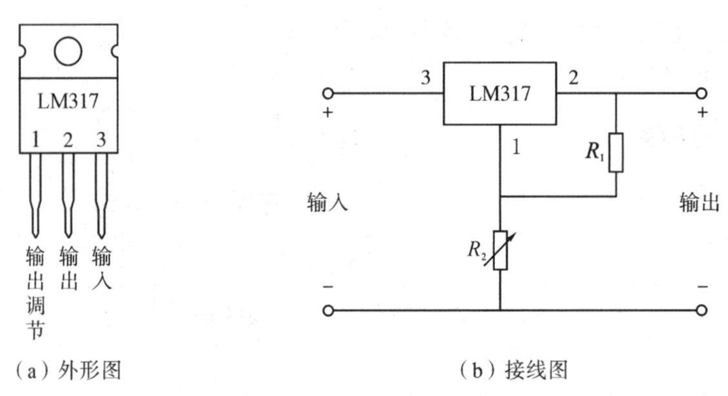

图 1-6-3　输出正电压可调的三端稳压器 LM317 外形及接线图

输出电压计算公式：

$$U_O \approx 1.25\left(1+\frac{R_2}{R_1}\right)$$

最大输入电压：

$$U_{IM} = 40\ \text{V}$$

输出电压范围：

$$U_O = 1.25 \sim 37\ \text{V}$$

1.6.4　实验任务

1. 比较半波整流与全波整流的特点

分别按图 1-6-4 和图 1-6-5 连线。当输入端接交流 16 V 电压后，调节电位器 R_w 使 $U_{RL}=5$ V，测输出电压 U_O，同时用示波器观察输出波形，完成表 1-6-1。

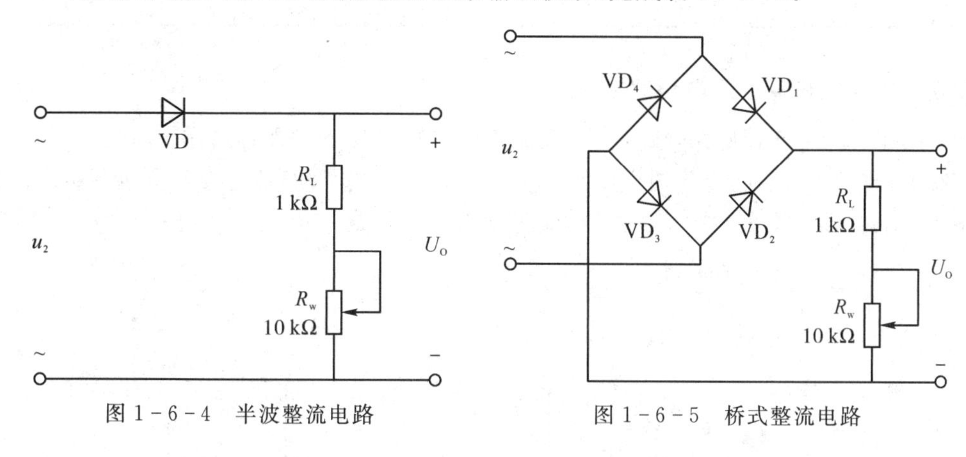

图 1-6-4　半波整流电路　　　图 1-6-5　桥式整流电路

表 1-6-1　半波整流与全波整流对比表

电路	U_O	$U_{O\sim}$（峰峰值）	U_O 波形
半波整流			
全波整流			

2. 电容滤波电路测试

按照图 1-6-6 连接电路，保持电位器 R_w 不变，用万用表直流电压挡测量输出电压 U_O，用示波器观察输出波形，完成表 1-6-2。

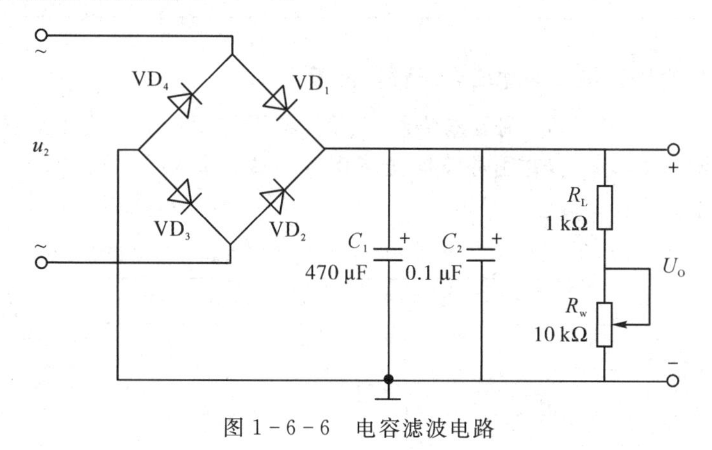

图 1-6-6　电容滤波电路

表 1-6-2　电容滤波电路测试数据表

电容滤波	U_O	$U_{O\sim}$(峰峰值)	U_O 波形
C=470 μF			
C=2200 μF			

3. 测量稳压二极管稳压电路的性能

按照图 1-6-7 连接电路，输入端接交流 16 V 电压，稳压二极管选择 5.1 V(1N4733)，调节电位器 R_w 使 R_L 两端电压分别为 1 V、2 V、3 V 时，用万用表直流电压挡测量 U_{AB}、U_O，并用示波器交流耦合方式测量 U_{AB}、U_O 处的纹波，将测量结果填入表 1-6-3 中。

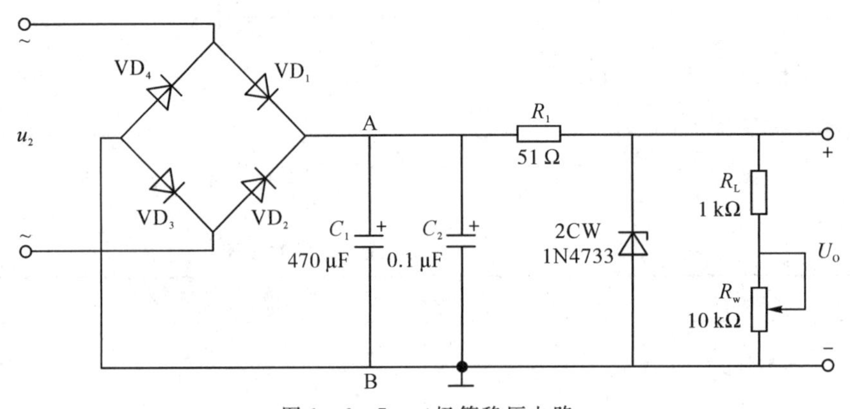

图 1-6-7　二极管稳压电路

表 1-6-3　稳压二极管稳压电路性能数据表

U_{RL}	U_{AB}	U_O	$U_{AB\sim}$(峰峰值)	$U_{O\sim}$(峰峰值)
1 V				
2 V				
3 V				

4. 由集成三端稳压器构成的稳压电路性能测量

(1)按图 1-6-8 连接电路，调节电位器 R_w 使 R_L 两端电压分别为 1 V、3 V、5 V 时，用万用表直流电压挡测量 U_{AB}、U_O，并用示波器交流耦合方式测量 U_{AB}、U_O 处的纹波，将测量结果填入表 1-6-4 中。

表 1-6-4　由集成三端稳压器构成的稳压电路性能测量数据表

U_{RL}	U_{AB}	U_O	$U_{AB\sim}$(峰峰值)	$U_{O\sim}$(峰峰值)
1 V				
3 V				
5 V				

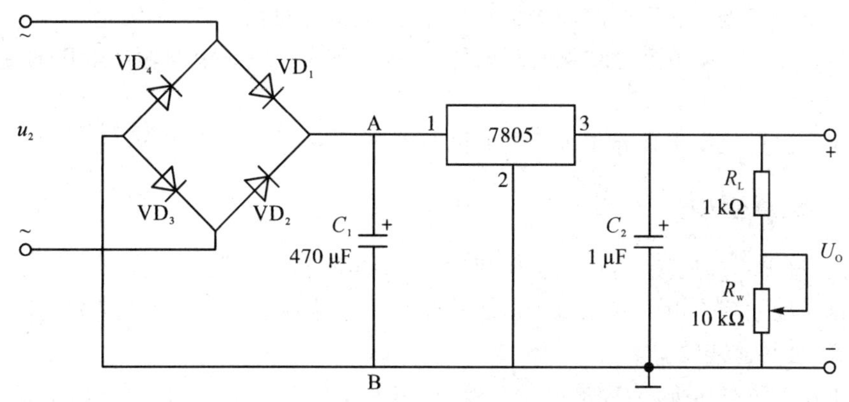

图 1－6－8　由固定式三端稳压器 7805 构成的稳压电路

(2)按图 1－6－9 连接电路。

①输入端接交流 16 V 电压，调节电位器 R_{w1} 至最大和最小值时，分别测出输出电压 U_O 的范围，并将测试结果记入表 1－6－5 中。

②调节 R_{w1} 使输出电压 U_O＝10 V，调节 R_{w2} 改变负载，使电阻 R_L 两端的电压分别为 5 V、7 V、9 V 时，测量输出电压 U_O，将测量结果记入表 1－6－5 中。

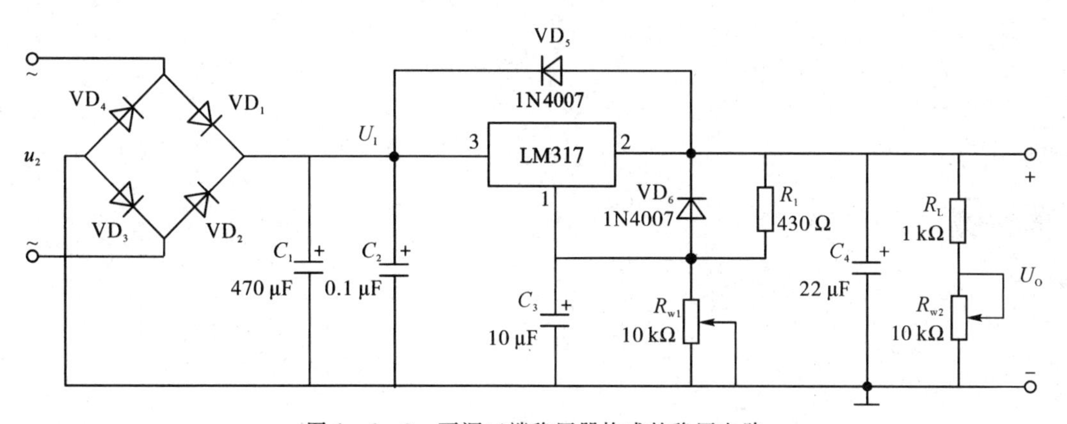

图 1－6－9　可调三端稳压器构成的稳压电路

表 1－6－5　可调三端稳压器构成的稳压电路性能测量数据表

U_O 范围	调节 R_{w1} 使 U_O 为	调节 R_{w2} 使 U_{RL} 为	U_O
	10 V	5 V	
		7 V	
		9 V	

1.6.5　实验总结与分析

(1)比较半波整流与全波整流输出电压测量值与理论值的误差。

(2)结合图 1－6－6 和表 1－6－2 的测量结果，体会电容滤波的原理和过程，给出不同滤波电容时滤波效果的结论。

(3)比较稳压二极管稳压电路和 W7805 稳压电路的测量结果,给出结论。

(4)分析表 1-6-5 中测量结果的理论依据,计算图 1-6-9 电路输出电压的变化范围是多少。

(5)总结实验过程中出现异常现象的原因及解决思路。

1.6.6 注意事项

(1)输入、输出不应反接,若反接电压超过 7 V,会损坏稳压器。

(2)防止浮地故障。由于三端稳压器的外壳为公共端,把它装在设备底板或外机箱上时,应接上可靠的公共连接线。

(3)变压器副边电压 u_2 为交流电压有效值,用万用表交流电压挡测量;输出直流电压 U_O 为平均值,用万用表直流电压挡测量。

(4)在将二极管接入电路之前,一定要测量其好坏和极性。

(5)避免将滤波电容的极性接反。

第 2 章　数字电子技术实验

2.1　集成逻辑门电路功能测试

2.1.1　实验目的

(1)熟悉常用集成逻辑门电路的外形和引脚排列。

(2)熟悉并验证常用集成逻辑门电路的逻辑功能。

(3)掌握常用集成逻辑门电路的用法和功能测试方法。

2.1.2　实验仪器和器材

(1)电子技术实验箱、数字万用表、信号源、数字示波器。

(2)74LS00、74LS02、74LS08 各一片。

2.1.3　实验原理

门电路是构成各种复杂数字电路的基本逻辑单元,掌握各种门电路的逻辑功能和电气特性,对于正确使用数字集成电路是十分必要的。最基本的逻辑门可归结为与门、或门和非门,实际应用时,它们可以独立使用,但更多的是经过逻辑组合组成的复合门电路。目前应用最广泛的集成电路是 TTL 集成电路和 CMOS 集成电路。

本次实验以 TTL 门电路作为使用对象,实验中选取了常用的与非门、与门和或门来进行测试。

74LS 系列的 TTL 集成电路的电源电压为 5 V,逻辑高电平“1”时大于 2.4 V,低电平“0”时小于 0.4 V。实验使用的集成电路都采用双列直插式封装形式,其管脚的识别方法为:将集成块的正面(有字的一面)对着使用者,集成电路上的标识字向上,芯片上的缺口在观察者的左边,此时集成块左下角为 1 脚,逆时针依次为 2,3,4,5,…。使用时,查找 IC 手册即可知各管脚功能。

本实验使用器件的型号为 74LS00、74LS02 和 74LS08。74LS00 为 TTL 型四-2 输入与非门,内部有四个互相独立的与非门,每个与非门有两个输入端。74LS00 逻辑符号及芯片的外引脚排列分别如图 2-1-1(a)、(b)所示。74LS02 为 TTL 型四-2 输入或非门,74LS08 为 TTL 型四-2 输入与门,其逻辑符号及芯片的外引脚排列分别如图 2-1-2、图 2-1-3 所示。

1. 门的逻辑关系

与非门的逻辑关系描述:当输入端中只要有一个是低电平,则输出端输出高电平;只有当输入端全部为高电平时,输出端才输出低电平,其逻辑表达式:

$$Y = \overline{A \cdot B \cdot C \cdot \cdots}$$

或非门的逻辑关系描述:当输入端中只要有一个是高电平,则输出端输出低电平;只有当

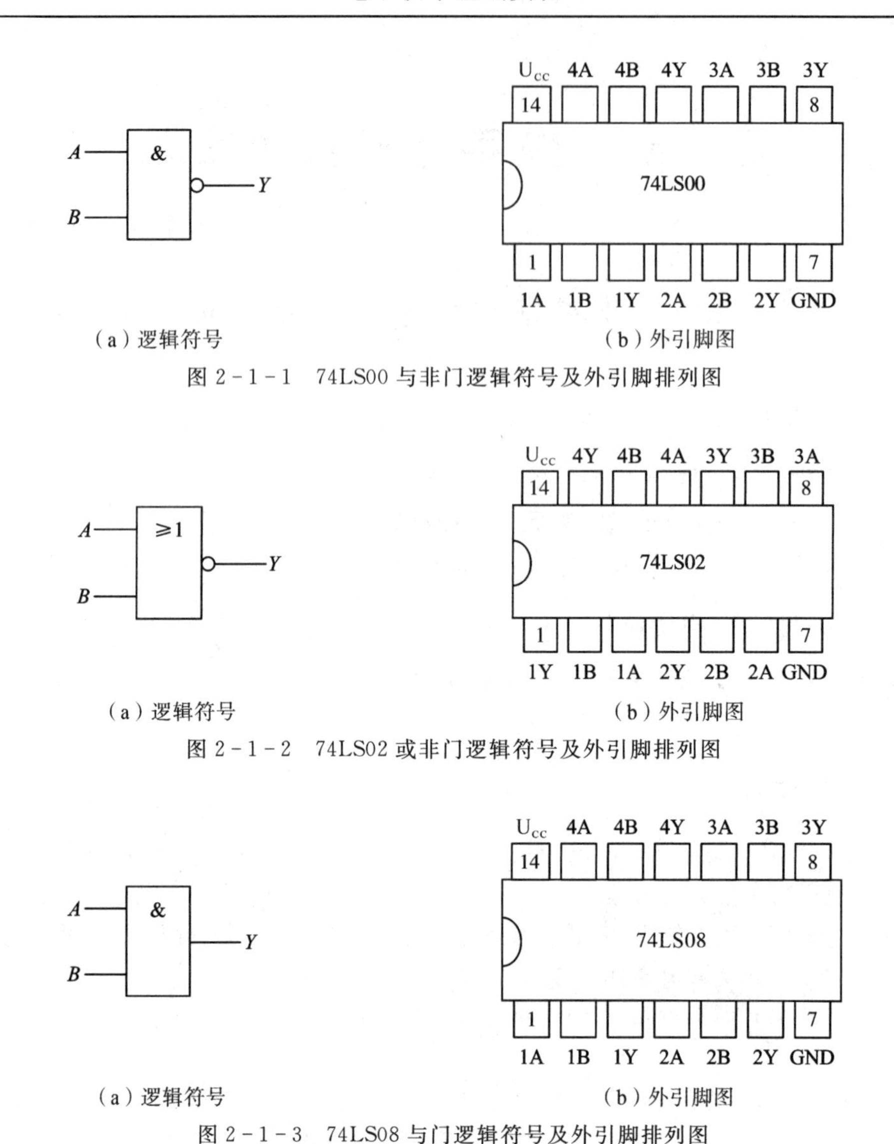

图 2-1-1 74LS00 与非门逻辑符号及外引脚排列图

图 2-1-2 74LS02 或非门逻辑符号及外引脚排列图

图 2-1-3 74LS08 与门逻辑符号及外引脚排列图

输入端全部为低电平时,输出端才输出高电平,其逻辑表达式:

$$Y=\overline{A+B+C+\cdots}$$

与门的逻辑关系描述:当输入端中只要有一个是低电平,则输出端输出低电平;只有当输入端全部为高电平时,输出端才输出高电平,其逻辑表达式:

$$Y=A\cdot B\cdot C\cdot\cdots$$

2. 门电路逻辑功能测试

门电路逻辑功能测试,可以静态测试,也可以动态测试。静态测试是根据门电路真值表依次改变输入变量的电平值,测量相应的输出电平值,验证电路的逻辑功能。动态测试就是在输入端加上一定频率(如 1 kHz)的方波信号,比较电路的输入与输出波形,从而判断电路是否能正常工作。

2.1.4　实验任务

1. 集成逻辑门静态测试

(1)对照 74LS00 外引脚图,用其中一个与非门按图 2-1-4(a)连线。输入端 A、B 分别接实验箱逻辑电平开关,输出端 Y 接实验箱逻辑电平显示发光二极管,接通+5 V 电源和地线。按照表 2-1-1 的要求改变输入变量 A、B 的逻辑值(逻辑电平开关上扳,对应指示灯亮,表示逻辑 1;逻辑电平开关下扳,对应指示灯灭,表示逻辑 0),根据逻辑电平显示发光二极管的亮和灭观察输出逻辑状态(发光二极管亮为逻辑 1,否则为逻辑 0)。

(2)与非门输出端悬空,测量在不同的逻辑输入时的输出电压,根据输出结果总结其逻辑功能,写出逻辑表达式,完成表 2-1-1。

(3)按照(1)、(2)步内容测试集成逻辑或非门 74LS002、与门 74LS008。

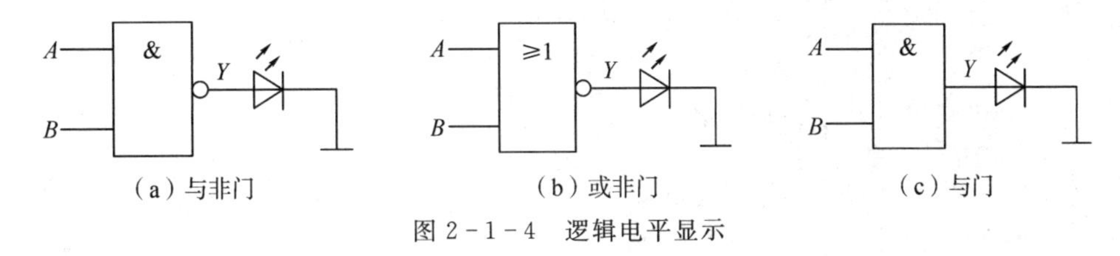

(a) 与非门　(b) 或非门　(c) 与门

图 2-1-4　逻辑电平显示

表 2-1-1　实验数据表

输入		74LS00 输出		74LS02 输出		74LS08 输出	
A	B	电平	电压	电平	电压	电平	电压
0	0						
0	1						
1	0						
1	1						
逻辑表达式		$Y=$		$Y=$		$Y=$	

2. 集成逻辑门动态测试

(1)将 74LS00 被测与非门的 A 端接通连续方波信号(1 kHz/5 V),在 B 端分别置逻辑 0、逻辑 1 时,如图 2-1-5 所示,用示波器观察并记录其输入、输出波形于图 2-1-6 中。

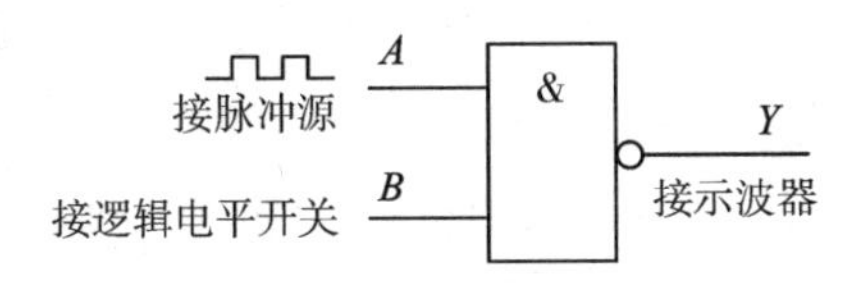

图 2-1-5　与非门动态测试电路

(2)参照步骤(1),对集成逻辑或非门 74LS02、与门 74LS08 分别进行动态测试并记录波形于图 2-1-7、图 2-1-8 中。

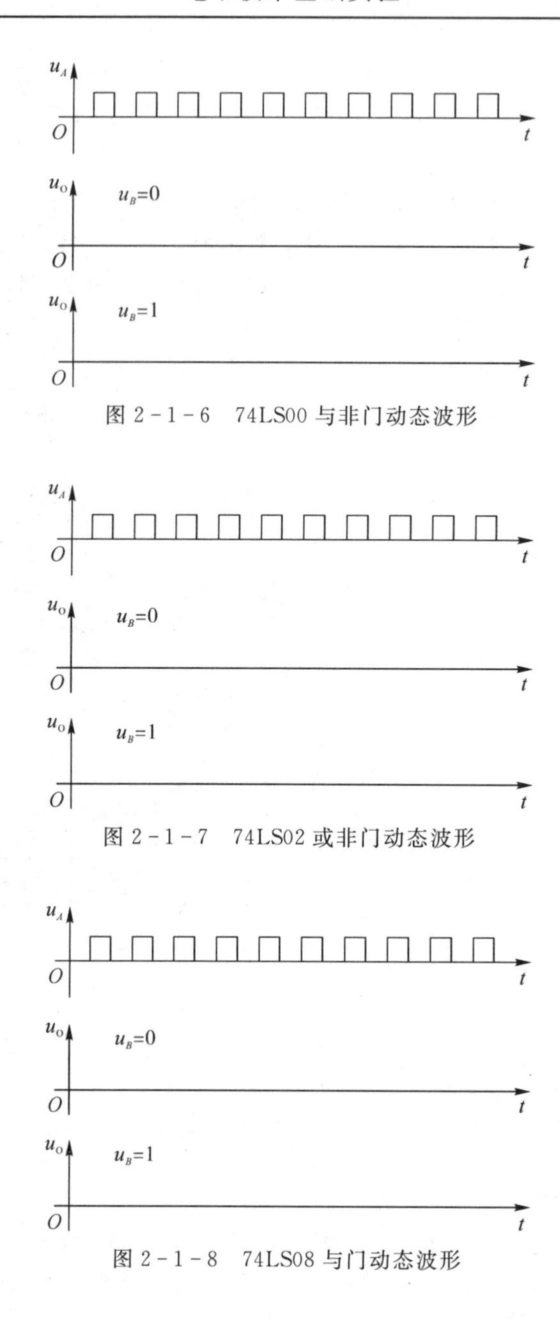

图 2-1-6　74LS00 与非门动态波形

图 2-1-7　74LS02 或非门动态波形

图 2-1-8　74LS08 与门动态波形

2.1.5　实验总结与分析

(1)本次实验选用 TTL 集成电路,在使用中应注意以下问题。

①接插集成块时,要认清定位标记,不得插反。

②电源电压使用范围为+4.5～+5.5 V,实验中要求使用 U_{CC} 为+5 V,且电源极性绝对不允许接错。

③TTL 与非门不用的输入端允许悬空(但最好接高电平),不能接低电平。

④TTL 与非门的输出端不允许直接接电源电压或地,也不能并联使用。

⑤在拔插集成块时,必须切断电源。

⑥实验中当输入端须改接连线时，不得在通电情况下进行操作，需先切断电源，改接连线完成后再通电进行实验。

(2)根据实验结果分析，当与非门的输入端并联使用时，实现什么样的逻辑功能？

(3)能否用与非门来实现与门的逻辑功能，如果能，请画出电路图。

(4)与非门的一个输入端接连续脉冲，其余端什么状态时允许脉冲通过，什么状态时禁止脉冲通过？

2.2　组合逻辑电路的分析与设计

2.2.1　实验目的

(1)掌握组合逻辑电路的分析与测试方法。

(2)掌握用门电路实现简单组合逻辑电路的方法，并通过实验验证所设计组合逻辑电路的正确性。

2.2.2　实验仪器和器材

(1)电子技术实验箱、数字万用表、数字示波器。

(2)74LS00、74LS20、74LS02、74LS25 各一块。

2.2.3　实验原理

组合逻辑电路是最常见的逻辑电路之一，其特点是任一时刻的输出信号仅取决于该时刻的输入信号，而与信号作用前电路原来所处的状态无关。

1. 组合逻辑电路的分析

根据给出的逻辑电路，写出输出逻辑函数表达式，列出真值表，以此来说明所给电路的逻辑功能，一般分析步骤如下。

(1)写出逻辑函数表达式：由给定的逻辑电路图从输入到输出逐级写出。

(2)逻辑函数化简：用公式法或卡诺图法求出逻辑函数最简式。

(3)列真值表：由最简式列真值表。

(4)确认逻辑功能：由真值表或最简式确认电路逻辑功能。

2. 组合逻辑电路的设计

设计是分析的逆过程，即如何根据逻辑功能的要求，设计出实现该功能的最佳电路。设计步骤如图 2-2-1 所示，先根据实际逻辑功能要求进行逻辑抽象，定义逻辑状态的含意；再按照给定事件因果关系列出逻辑真值表；然后用卡诺图或代数法化简，求出最简逻辑函数表达式；最后用给定的逻辑门电路实现简化后的逻辑表达式，画出逻辑电路图。

电路“最简”的标准，是指电路所用的器件个数最少，器件的种类最少，而且器件之间的连线也最少。

在实际电路设计中，根据逻辑要求提炼逻辑变量与逻辑函数是关键一步，而调试是重要的一步。

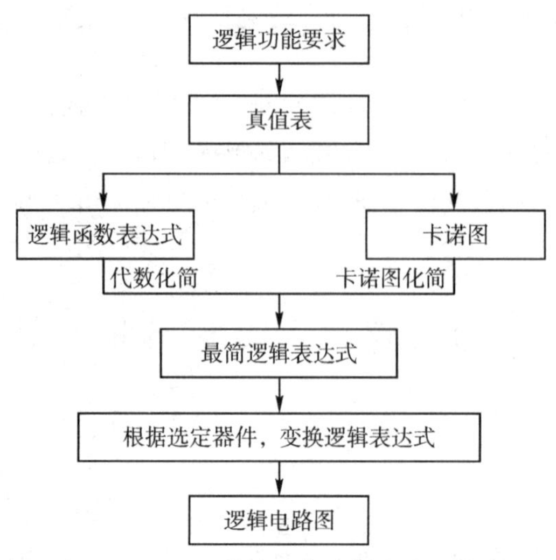

图 2-2-1　用 SSI 构成组合逻辑电路的设计过程

本实验选用逻辑门有四-2 输入与非门 74LS00、二-4 输入与非门 74LS20、四-2 输入或非门 74LS02、二-4 输入或非门 74LS25。74LS20 的逻辑符号及芯片外引脚排列如图 2-2-2(a)、(b)所示，74LS25 的逻辑符号及芯片外引脚排列如图 2-2-3(a)、(b)所示，其中 1ST、2ST 分别为片内 2 个或非门的选通端，高电平有效。74LS00、74LS02 的逻辑符号及芯片外引脚排列图如图 2-1-1、图 2-1-2 所示。

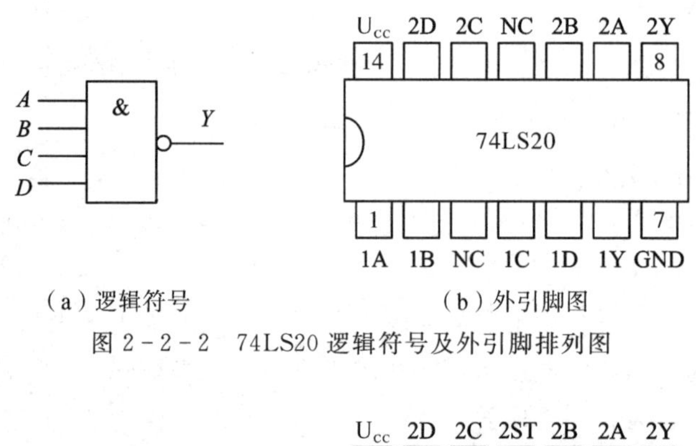

(a) 逻辑符号　　(b) 外引脚图

图 2-2-2　74LS20 逻辑符号及外引脚排列图

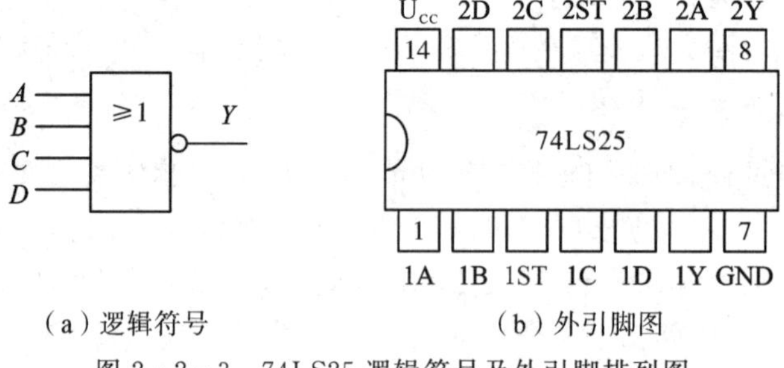

(a) 逻辑符号　　(b) 外引脚图

图 2-2-3　74LS25 逻辑符号及外引脚排列图

2.2.4　实验任务

1. 分析组合逻辑电路的逻辑功能

电路如图 2－2－4 所示，用 74LS00、74LS20 搭接电路。将 A、B、C 分别接实验箱逻辑电平开关模拟逻辑电平，输出端 Y 接实验箱逻辑电平显示发光二极管，将测得输出结果填入表 2－2－1中。根据测得的逻辑电路真值表并结合逻辑函数，分析该电路功能。

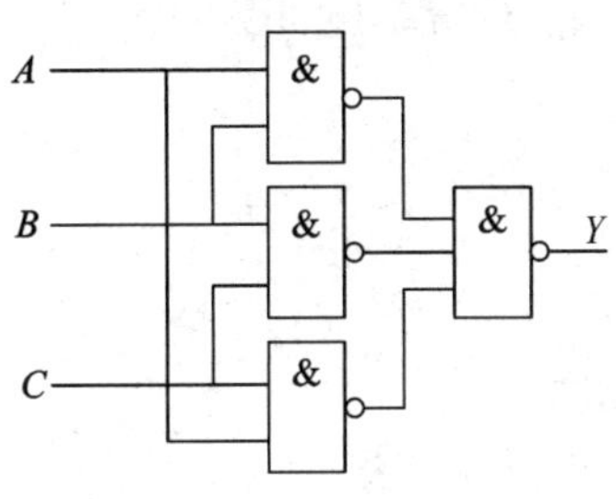

图 2－2－4　实验电路图

表 2－2－1　真值表

A	B	C	Y
0	0	0	
0	0	1	
0	1	0	
0	1	1	
1	0	0	
1	0	1	
1	1	0	
1	1	1	

2. 组合逻辑电路的设计与验证

设计一个三变量多数表决器电路，假设有 A、B、C 三人参加表决，有两人或两人以上同意则为通过，否则为不通过。用基本门电路实现该逻辑电路，列出真值表，进行逻辑函数化简，写出函数表达式，最后画出逻辑电路图。

设计要求：分别用与非门和或非门实现该电路。

电路测试：三个逻辑变量输入值通过实验箱的逻辑电平开关提供，最终的表决结果用实验箱的发光二极管的状态来表示，测试结果填入表 2－2－2 中。

表 2－2－2　测试结果

输　入			输　出			
			与非门电路		或非门电路	
A	B	C	指示灯状态	Y	指示灯状态	Y
0	0	0				
0	0	1				
0	1	0				
0	1	1				
1	0	0				
1	0	1				
1	1	0				
1	1	1				

2.2.5 实验总结与分析

(1)测试内容2中的逻辑电路设计，用与或非门能否实现？逻辑函数表达式应该如何变化？

(2)你认为组合逻辑电路的设计过程中，最关键的一步是什么？

(3)分析总结实验中出现的异常现象及处理思路。

2.3 常用MSI组合逻辑器件及应用

2.3.1 实验目的

(1)熟悉常用MSI组合器件的逻辑功能和引脚功能。

(2)掌握数据选择器、集成译码器和显示译码器的一般应用。

(3)学会MSI组合逻辑电路的设计、电路调试及故障排除的方法。

2.3.2 实验仪器和器材

(1)电子技术实验箱、数字万用表。

(2)74LS151、74LS138、74LS47、74LS00及数码管各一块。

2.3.3 实验原理

MSI(中规模集成电路)器件，如译码器、数据选择器等，它们本身是为实现某种逻辑功能而设计的，在组合逻辑电路设计中比采用SSI门电路有更多的优越性，其设计的电路具有简洁、接线方便、工作可靠等特点，而且可以用它们来实现任意逻辑函数。

1. 数据选择器

数据选择器除了能够实现数据选择功能外，在数字系统中还可以完成很多其它功能，例如可实现任一种组合逻辑函数、完成数码的并/串行转换、进行数码比较等。

本实验选用八选一数据选择器74LS151，其外引脚排列如图2-3-1所示，表2-3-1为其功能表。

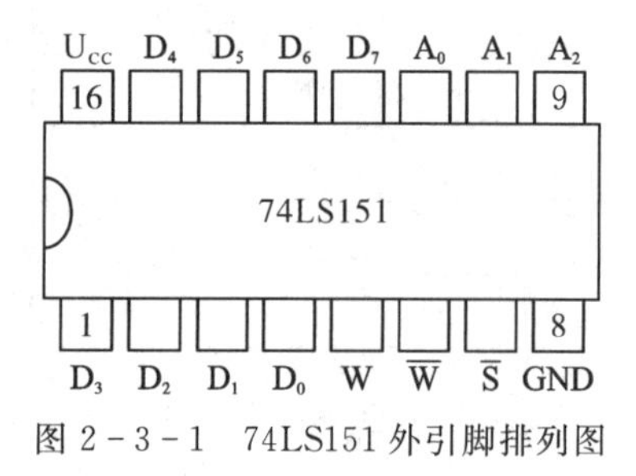

图2-3-1 74LS151外引脚排列图

表2-3-1 74LS151功能表

$\overline{S}$	A_2	A_1	A_0	Y
1	×	×	×	0
0	0	0	0	D_0
0	0	0	1	D_1
0	0	1	0	D_2
0	0	1	1	D_3
0	1	0	0	D_4
0	1	0	1	D_5
0	1	1	0	D_6
0	1	1	1	D_7

由表 2-3-1 可以看出，$Y=\sum_{i=0}^{7}m_iD_i$，式中 m_i 是 A_2、A_1、A_0 构成的最小项，当 $D_i=1$ 时，其对应的最小项 m_i 在与或表达式中出现。当 $D_i=0$ 时，其对应的最小项 m_i 就不出现。利用这一点，可以实现组合逻辑函数。

将数据选择器的地址选择输入信号 A_2、A_1、A_0 作为函数的输入变量，数据输入 $D_0\sim D_7$ 作为控制信号，控制各最小项在输出逻辑函数中是否出现，选通输入端 $\overline{S}$ 始终保持低电平，这样八选一数据选择器就成了一个三变量的函数发生器。

例如，利用八选一数据选择器产生逻辑函数 $Y=\sum m(0,2,5,6,7)$，由于式中没有出现最小项 m_1、m_3、m_4，只需 $D_1=D_3=D_4=0$，$D_0=D_2=D_5=D_6=D_7=1$，即可实现该逻辑函数的逻辑电路图，如图 2-3-2 所示。

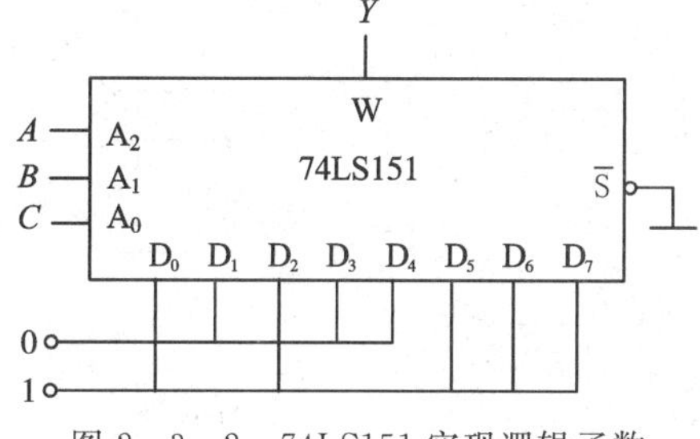

图 2-3-2　74LS151 实现逻辑函数

2. 二进制译码器

任一组合逻辑函数均可以用最小项之和的形式(标准与或式)表示，而二进制译码器的输出提供了其输入变量所有不同的最小项，因此可以用译码器来实现组合逻辑函数，尤其对多输出函数，比采用小规模的集成逻辑门电路更加方便且节省器件。

本实验选用 3 线 - 8 线译码器 74LS138，外引脚排列如图 2-3-3 所示，其功能表如表 2-3-2 所示。

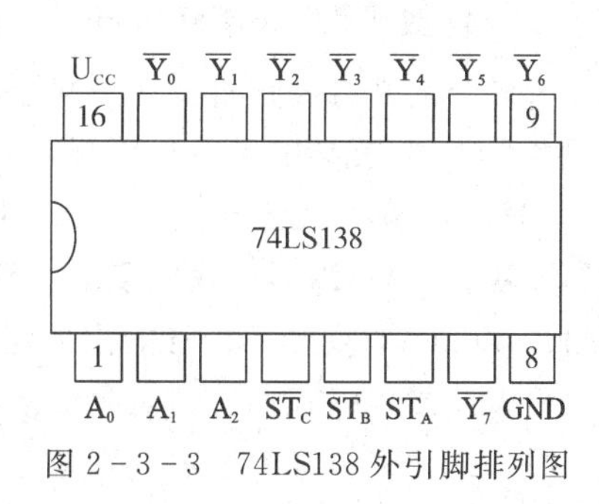

图 2-3-3　74LS138 外引脚排列图

表 2-3-2　74LS138 的功能表

ST_A	$\overline{ST_B}+\overline{ST_C}$	A_2	A_1	A_0	$\overline{Y_0}$	$\overline{Y_1}$	$\overline{Y_2}$	$\overline{Y_3}$	$\overline{Y_4}$	$\overline{Y_5}$	$\overline{Y_6}$	$\overline{Y_7}$
×	1	×	×	×	1	1	1	1	1	1	1	1
0	0	×	×	×	1	1	1	1	1	1	1	1
1	0	0	0	0	0	1	1	1	1	1	1	1
1	0	0	0	1	1	0	1	1	1	1	1	1
1	0	0	1	0	1	1	0	1	1	1	1	1
1	0	0	1	1	1	1	1	0	1	1	1	1
1	0	1	0	0	1	1	1	1	0	1	1	1
1	0	1	0	1	1	1	1	1	1	0	1	1
1	0	1	1	0	1	1	1	1	1	1	0	1
1	0	1	1	1	1	1	1	1	1	1	1	0

本实验选用 3 线 - 8 线译码器 74LS138 实现 8 位流水灯的控制。实验中，首先满足三个选通端的条件，$ST_A=1$，$\overline{ST_B}=0$，$\overline{ST_C}=0$，输入端 A、B、C 接逻辑电平输入，输出端接八个发光二极管。显然当 74LS138 输出高电平时，发光二极管亮，反之，发光二极管灭。例如，在三个输入端 A、B、C 输入逻辑电平 0、0、0，此时仅有 Y_0 输出为逻辑低电平，所以只有 Y_0 对应

的发光二极管灭，其余 7 个发光二极管亮，然后三个输入端 A、B、C 依次输入逻辑电平 001，010，…，111，就可以实现流水灯的功能。

由此可设计出其逻辑电路图如图 2－3－4 所示。

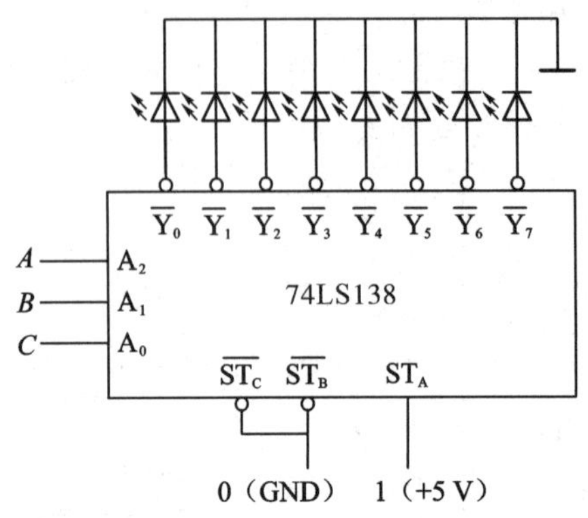

图 2－3－4　用 74LS138 构成的流水灯

3. LED 数码管(LED Segment Displays)

由多个发光二极管封装在一起组成"8"字形的器件，引线已在内部连接完成，只需引出它们的各个笔划，公共电极。数码管实际上是由七个发光管组成 8 字形构成的，加上小数点就是 8 个。这些段分别由字母 a、b、c、d、e、f、g、dp 来表示。当数码管特定的段加上电压后，这些特定的段就会发亮，以形成我们眼睛看到的字样。单个发光二极管的管压降为 1.8 V 左右，电流不超过 30 mA。发光二极管的阳极连接到一起连接到电源正极的称为共阳数码管，发光二极管的阴极连接到一起连接到电源负极的称为共阴数码管。

图 2－3－5(a)、(b)所示分别是七段显示器的外引脚排列和内部共阳极接法示意图。图中 dp 表示显示器的小数点。

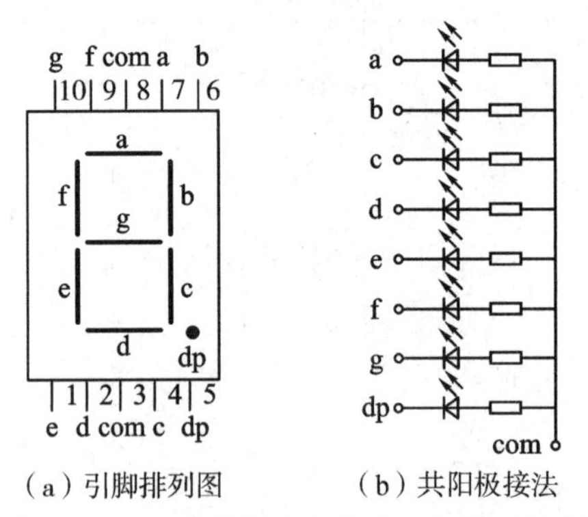

（a）引脚排列图　　（b）共阳极接法

图 2－3－5　共阳极七段发光二极管显示器

4. 显示译码器

74LS47 是显示译码器，外引脚排列图如图 2－3－6 所示，它可以输出 7 位驱动信号，用来驱动共阳极数码显示管各段，分别用 a、b、c、d、e、f、g 表示。图 2－3－7 是用 74LS47 构成的译码、显示电路。显示译码器的四个输入 A、B、C、D 为 8421BCD 码，共阳极七段显示数码管就会显示相应的数字，其功能表如表 2－3－3 所示。

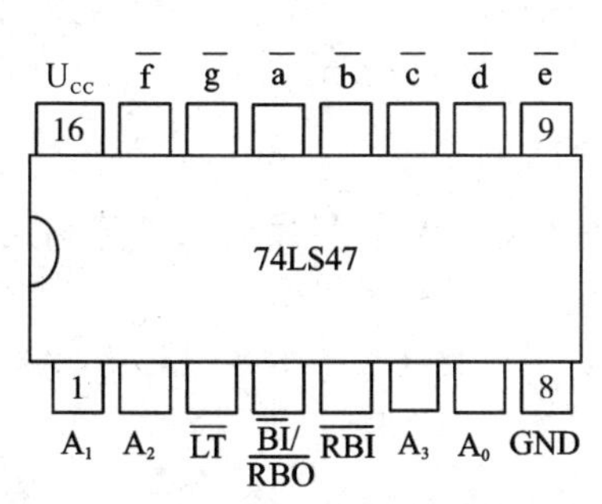

图 2-3-6　74LS47 外引脚排列图

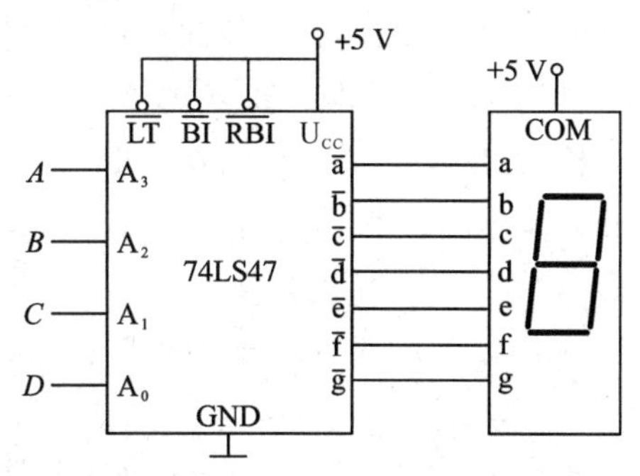

图 2-3-7　译码、显示电路

表 2-3-3　74LS47 功能表

输入							输出						
$\overline{LT}$	$\overline{RBI}$	A_3	A_2	A_1	A_0	$\overline{BI}/\overline{RBO}$	$\overline{a}$	$\overline{b}$	$\overline{c}$	$\overline{d}$	$\overline{e}$	$\overline{f}$	$\overline{g}$
1	1	0	0	0	0	1	0	0	0	0	0	0	1
1	×	0	0	0	1	1	1	0	0	1	1	1	1
1	×	0	0	1	0	1	0	0	1	0	0	1	0
1	×	0	0	1	1	1	0	0	0	0	1	1	0
1	×	0	1	0	0	1	1	0	0	1	1	0	0
1	×	0	1	0	1	1	0	1	0	0	1	0	0
1	×	0	1	1	0	1	1	1	0	0	0	0	0
1	×	0	1	1	1	1	0	0	0	1	1	1	1
1	×	1	0	0	0	1	0	0	0	0	0	0	0
1	×	1	0	0	1	1	0	0	0	1	1	0	0
1	×	1	0	1	0	1	1	1	1	0	0	1	0
1	×	1	0	1	1	1	1	0	0	0	1	1	0
1	×	1	1	0	0	1	1	0	1	1	1	0	0
1	×	1	1	0	1	1	0	1	1	0	1	0	0
1	×	1	1	1	0	1	1	1	1	0	0	0	0
1	×	1	1	1	1	1	1	1	1	1	1	1	1
×	×	0	0	0	0	0	1	1	1	1	1	1	1
1	0	0	0	0	0	0	1	1	1	1	1	1	1
0	×	0	0	0	0	1	0	0	0	0	0	0	0

2.3.4　实验任务

1. 设计一个监视交通信号灯状态的逻辑电路

逻辑电路每一组信号灯由红、黄、绿三色灯组成，当只有一盏灯亮时为正常状态，其余情况均为故障状态，此时电路应发出故障信号提示。

设计要求：分别用数据选择器 74LS151 和集成译码器 74LS138 及必要与非门电路实现该电路。

电路测试：三色灯作为逻辑变量输入通过实验箱的逻辑电平开关模拟，信号灯状态结果用实验箱的发光二极管亮灭状态来显示。

2. 用 74LS138 控制 8 个发光二极管实现流水灯的功能

如图 2-3-4 所示，输入端用实验箱的逻辑电平开关输入，8 只发光二极管利用实验箱上的逻辑电平显示的发光二极管。

(1)三输入 ABC 循环送出逻辑电平 000，001，…，111，观察 8 个发光二极管流水的静态过程。

(2)三输入 ABC 分别接实验箱固定脉冲 1 Hz、2 Hz、4 Hz 输出端，观察 8 个发光二极管流水的动态过程。

3. 用显示译码器 74LS47 实现译码显示电路

如图 2-3-7 所示，74LS47 逻辑电平输入端 A、B、C、D(A_3、A_2、A_1、A_0)依次输入为 0000，0001，…，1001，观察数码管显示的数字。

注意：实验箱上共阳和共阴数码管内部已集成了各段的限流电阻。

2.3.5 实验总结与分析

(1)一种逻辑功能可以有多种方法实现。在组合逻辑电路设计中，通过可行性分析，尽可能采用最简单的实现方法。在实验任务 1 中，你认为用 74LS151 和 74LS138 设计该功能电路哪个更方便？

(2)图 2-3-2 中，如果 74LS151 的 $\overline{S}$ 没有接地，将会产生什么现象？

(3)图 2-3-5(b)中，设高电平为 5 V，数码管每段 LED 工作电流为 10 mA，那么限流电阻阻值是多少？

(4)在使用 MSI 组合功能器件时，器件的各控制输入端能否悬空，为什么？

2.4 触发器逻辑功能的测试与应用

2.4.1 实验目的

(1)深刻理解 JK 触发器和 D 触发器的逻辑功能。

(2)学会验证集成触发器的逻辑功能及使用方法。

(3)学会触发器组成简单应用电路的分析方法和结果验证。

2.4.2 实验仪器和器材

(1)电子技术实验箱、数字示波器、数字万用表。

(2)74LS112 、74LS74 各 1 片。

2.4.3 实验原理

触发器是一种具有记忆功能的循序逻辑组件，可记录二进制数字信号“1”和“0”，在一定的外界信号作用下，可以从一个稳定状态翻转到另一个稳定状态，是构成时序逻辑电路以及各种复杂数字系统的基本逻辑单元，由逻辑门组合而成。

1. 集成 *JK* 触发器

在输入信号为双端的情况下，*JK* 触发器是功能完善、使用灵活和通用性较强的一种触发器。本实验采用的 74LS112 双 *JK* 触发器，是一种下降边沿触发的边沿触发器，其逻辑符号如图 2-4-1(a)所示，外引脚排列图如图 2-4-1(b)所示。在 74LS112 芯片中有两个相同的 *JK* 触发器，每个触发器有信号输入端 *J*、*K*，时钟输入端 *CP*，异步置 0 端 $\bar{R}_D$ 和异步置 1 端 $\bar{S}_D$。$\bar{R}_D$ 和 $\bar{S}_D$ 的优先权高于 *J*、*K* 和 *CP*，当 $\bar{R}_D$ 和 $\bar{S}_D$ 同为高电平(无效)时，电路才具有 *JK* 触发器的特性，而且是在 *CP* 的下降沿触发。因此，*JK* 触发器的特性方程可以写成：

$$Q^{n+1} = (J\bar{Q}^n + \bar{K}Q^n)CP\downarrow$$

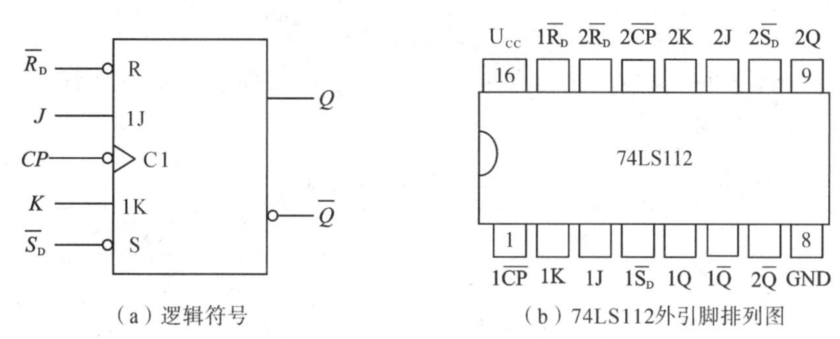

(a) 逻辑符号　　(b) 74LS112外引脚排列图

图 2-4-1　74LS112 *JK* 触发器

74LS112 的功能表如表 2-4-1 所示。

表 2-4-1　74LS112 的功能表

输入					输出	
预置 $\bar{S}_D$	清除 $\bar{R}_D$	时钟 CP	J	K	Q^{n+1}	$\bar{Q}^{n+1}$
0	1	×	×	×	1	0
1	0	×	×	×	0	1
0	0	×	×	×	1	1
1	1	↓	0	0	Q^n	$\bar{Q}^n$
1	1	↓	0	1	0	1
1	1	↓	1	0	1	0
1	1	↓	1	1	$\bar{Q}^n$	Q^n

JK 触发器常被用作缓冲存储器、移位寄存器和计数器。

2. 集成 *D* 触发器

集成 *D* 触发器一般采用维持-阻塞结构，74LS74 是维持-阻塞结构的双 *D* 型触发器，其逻辑符号和芯片外引脚排列如图 2-4-2 所示。

在 74LS74 芯片中有两个相同的 *D* 触发器，每个触发器有信号输入端 *D*、时钟输入端 *CP*、异步置 0 端 $\bar{R}_D$ 和异步置 1 端 $\bar{S}_D$。$\bar{R}_D$ 和 $\bar{S}_D$ 的优先权高于 *D* 和 *CP*，当 $\bar{R}_D$ 和 $\bar{S}_D$ 为高电平(无效)时，电路才具有 *D* 触发器的特性，而且是在 *CP* 的上升沿触发。因此，维持-阻塞 *D* 触发器

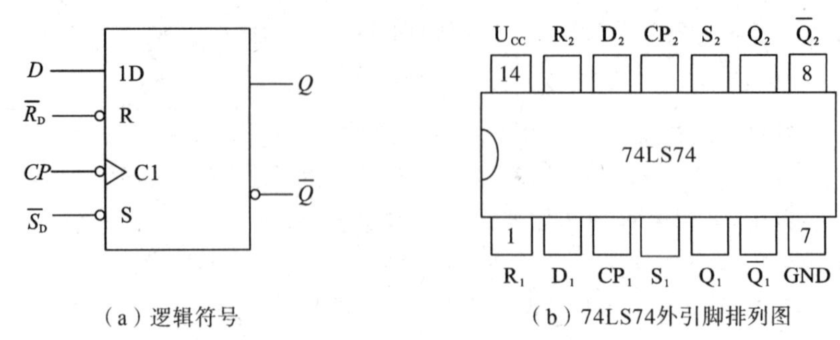

（a）逻辑符号　　（b）74LS74外引脚排列图

图 2-4-2　74LS74D 触发器

的特性方程可以写成：

$$Q^{n+1}=D\cdot CP\uparrow$$

钟控 D 触发器没有约束条件，触发器的状态只取决于时钟到来前 D 的状态。74LS74 的功能表如表 2-4-2 所示。

表 2-4-2　74LS74 的功能表

输　入				输　出	
预　置	清　除	时　钟	D	Q^{n+1}	$\overline{Q}^{n+1}$
$\overline{S}_D$	$\overline{R}_D$	CP			
0	1	×	×	1	0
1	0	×	×	0	1
0	0	×	×	1	1
1	1	↑	1	1	0
1	1	↑	0	0	1
1	1	↓	×	Q^n	$\overline{Q}^n$

D 触发器的应用很广，可用于数字信号的寄存、移位、分频、延时和波形发生器等。

2.4.4　实验任务

1. 测试 74LS74、74LS112 的逻辑功能

将 74LS74、74LS112 的逻辑功能的测试结果分别填入表 2-4-3、表 2-4-4 中。

表 2-4-3　74LS74 测试数据

D	CP	Q^{n+1}		功能说明
		$Q^n=0$	$Q^n=1$	
0	0→1			
	1→0			
1	0→1			
	1→0			

表 2-4-4　74LS112 测试数据

J	K	CP	Q^{n+1}		功能说明
			$Q^n=0$	$Q^n=1$	
0	0	0→1			
		1→0			
0	1	0→1			
		1→0			
1	0	0→1			
		1→0			
1	1	0→1			
		1→0			

2. 记录由 *D* 触发器构成的二分频电路的输出波形

由 D 触发器 74LS74 构成二分频电路，参考电路如图 2-4-3 所示。将 74LS74 的 $\bar{R}_D$、$\bar{S}_D$ 分别连接到逻辑开关，CP 端接入 1 kHz 脉冲。CP 端和 Q 端分别接至示波器输入通道。接通电源，改变 $\bar{R}_D$、$\bar{S}_D$ 的状态，观察输出端 Q 的输出波形，并将测试波形记录下来。

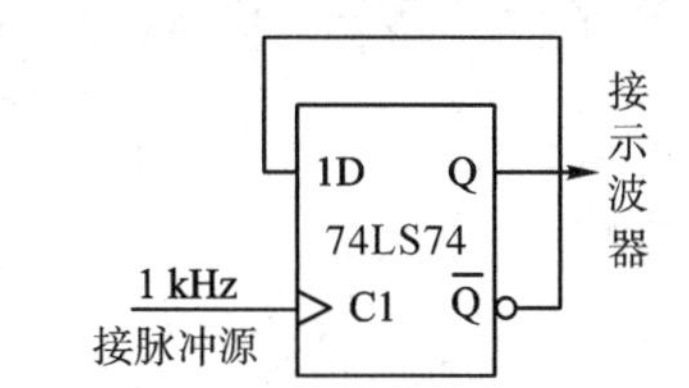

图 2-4-3　D 触发器构成的二分频电路

3. 实验验证 *JK* 触发器

根据图 2-4-4 逻辑图，将 JK 触发器分别连接成 T 触发器和 T' 触发器，通过实验进行验证。

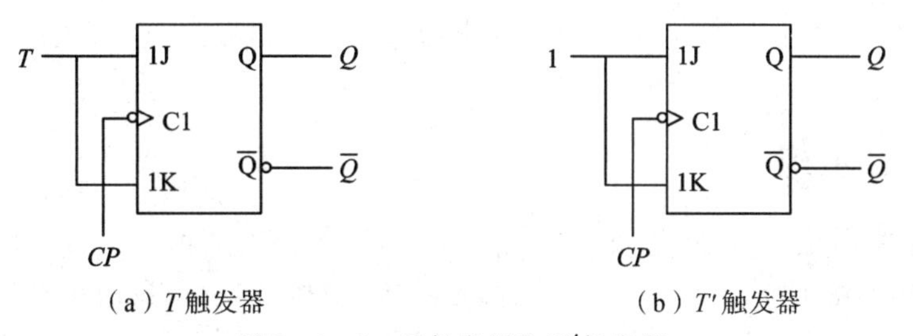

（a）T 触发器　　（b）T' 触发器

图 2-4-4　T 触发器和 T' 触发器

4. 记录由 *JK* 触发器构成的二/四分频电路的输出波形

由 JK 触发器 74LS112 构成的二/四分频电路，参考电路如图 2-4-5 所示。将 CP 端接入 1 kHz 脉冲，CP、Q_1 和 Q_2 分别接至示波器输入通道。接通电源，观察输出端 Q_1 和 Q_2 的输出波形，并将测试波形记录下来。

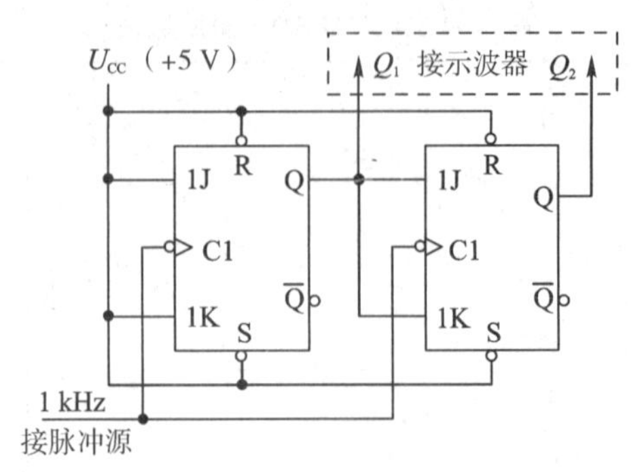

图 2-4-5　*JK* 触发器 74LS112 构成的二/四分频电路

2.4.5　实验总结与分析

(1)触发器实现正常逻辑功能时，$\overline{R}_D$、$\overline{S}_D$ 应处于什么状态？悬空行不行？

(2)总结本次实验两种集成触发器的动作特点。

(3)根据实验任务 3，总结 *T* 触发器和 *T'* 触发器动作特点和功能。

(4)*JK* 触发器如何转换为 *D* 触发器？画出接线图。

2.5　集成计数器设计与应用

2.5.1　实验目的

(1)掌握中规模集成计数器的功能及使用方法。

(2)学习用“反馈清零法”和“反馈置数法”构成 *N* 进制计数器的方法。

(3)掌握中规模集成计数器的分析方法、设计方法和测试方法。

(4)进一步熟悉数字系统的调试与故障排除方法。

2.5.2　实验仪器和器材

(1)电子技术实验箱、数字示波器、数字万用表。

(2)1 片 74LS00、4 片 74LS161 。

2.5.3　实验原理

计数器是数字系统中用得最多的时序逻辑电路，其主要功能就是用计数器的不同状态来记忆输入脉冲的个数，此外还具有定时、分频、运算等逻辑功能。当我们在设计任意进制计数器（即计数模不是 2 和 10)时，一般采用现有的 MSI 芯片，通过适当的反馈连接加以实现。市场上现成的 MSI 芯片主要有二进制计数器和十进制计数器，而在实际应用中，如数字钟电路中，却需要二十四进制和六十进制计数器，因此要将现有计数器改造成任意进制计数器。利用 MSI 芯片进行适当的连接就可以构成任意进制计数器，所使用的方法主要有反馈清零法、反馈置数法和级联法。

本次实验采用 4 位二进制同步加法计数器 74LS161，其外引脚排列如图 2-5-1 所示，控制功能如表 2-5-1 所示。74LS161 除了有二进制加法计数功能外，还具有异步清零、同步并行置数、保持等功能。

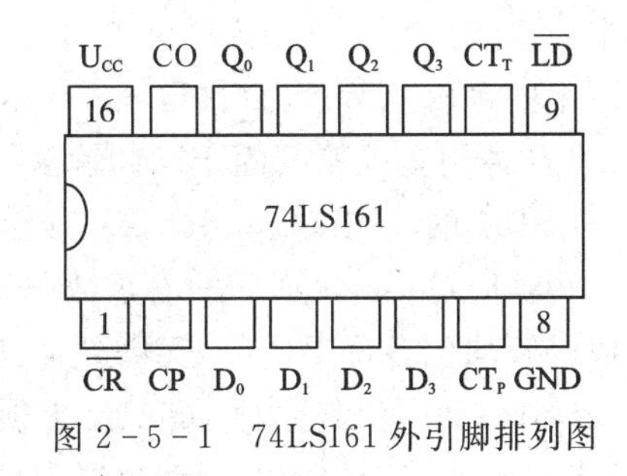

图 2-5-1　74LS161 外引脚排列图

表 2-5-1　74LS160/74LS161 的功能表

输　入									输　出			
清　零	使　能		置　数	时　钟	数　据				Q_0	Q_1	Q_2	Q_3
$\overline{CR}$	CT_P	CT_T	$\overline{LD}$	CP	D_0	D_1	D_2	D_3				
0	×	×	×	×	×	×	×	×	0	0	0	0
1	×	×	0	↑	D_0	D_1	D_2	D_3	D_0	D_1	D_2	D_3
1	1	1	1	↑	×	×	×	×	计　数			
1	0	×	1	×	×	×	×	×	保　持			
1	×	0	1	×	×	×	×	×	保　持			

从功能表中能够看出，当异步清零端$\overline{CR}=0$ 时，计数器输出 $Q_0Q_1Q_2Q_3=0000$，这个时候是异步复位功能；当$\overline{CR}=1$ 且$\overline{LD}=0$ 时，CP 脉冲上升沿来到后，74LS161 输出端 $Q_0Q_1Q_2Q_3=D_0D_1D_2D_3$，这个时候是同步置数功能；当$\overline{CR}=1$，$\overline{LD}=1$ 且 $CT_P=CT_T=1$ 时，CP 脉冲上升沿作用之后，计数器加 1 计数。74LS161 还有一个进位输出端 CO，其逻辑关系是 $CO=Q_0Q_1Q_2Q_3CT_T$。合理应用计数器的清零功能和置数功能，一片 74LS161 可以组成 16 进制以下的任意进制分频器。

2.5.4　实验任务

(1)用 74LS161 分别设计一个十进制计数器和一个六进制计数器，搭接电路并验证功能。电路输出(BCD 码输出)接至译码显示电路，时钟脉冲选用 1 Hz 方波，画出电路原理图，观察电路的计数、显示过程。参考电路图如图 2-5-2、图 2-5-3 所示。

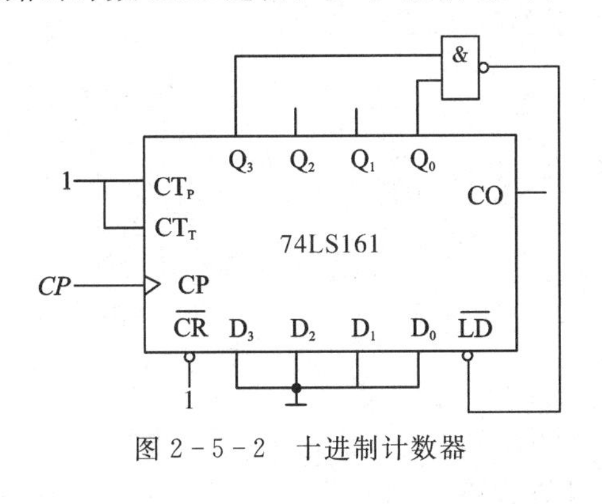

图 2-5-2　十进制计数器

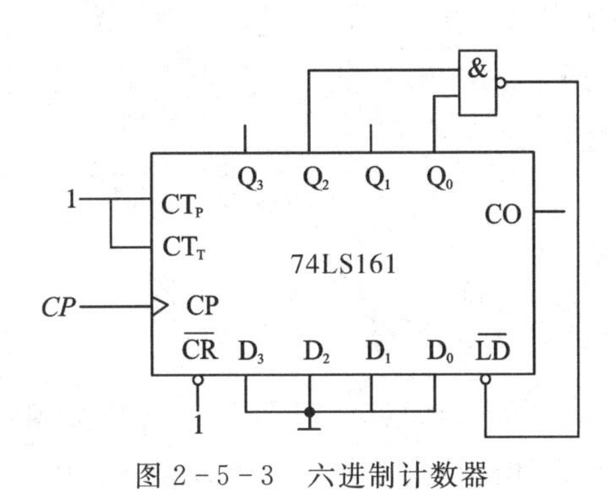

图 2-5-3　六进制计数器

要求：

①图中的逻辑“1”可以直接接+5 V电源，也可以用实验箱的逻辑电平输入端。

②*CP*脉冲用实验箱的固定脉冲输出。

③74LS161的输出Q_3、Q_2、Q_1、Q_0接至实验箱的第3部分(四位BCD七段译码显示)中的一个数码管，Q_3、Q_2、Q_1、Q_0分别引至数码管前面的标注8、4、2、1的插孔，高低位顺序不能变，这四位数码管均包含译码电路，无需外加译码器。

④74LS161的输出Q_3、Q_2、Q_1、Q_0必须是8421BCD码，否则数码管不能正常显示。

(2)将上步中搭接的十进制计数器和六进制计数器级联实现六十进制计数器。时钟脉冲选用1 Hz方波，画出电路原理图，观察电路的计数、显示过程。要求同上，参考电路图如图2-5-4所示。

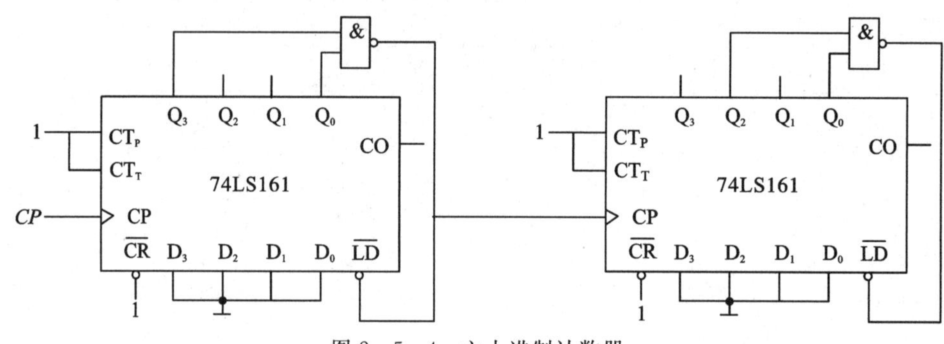

图2-5-4　六十进制计数器

(3)用2片74LS161及必要与非门设计一个二十四进制计数器，将此电路与实验任务2中六十进制计数器级联，实现一个数字钟电路。

2.5.5　实验总结与分析

(1)针对实验任务(1)，用“反馈清零法”分别设计六进制计数器和十进制计数器，对比“反馈置数法”设计中的区别。

(2)调试电路时，可用较高频率的信号作为秒脉冲信号，比如2 Hz或者4 Hz，快速调整、检测电路的功能。

(3)总结时序逻辑电路与组合逻辑电路的区别是什么？

(4)请列举生活当中你遇到的用到计数器或应该用到计数器的场合。

(5)分析总结实验中遇到的问题及解决方法。

2.6　555定时器及应用

2.6.1　实验目的

(1)熟悉555定时器的内部结构、工作原理及特点。

(2)掌握用555定时器设计脉冲信号产生电路的方法。

(3)掌握影响脉冲波形参数的定时元件数值的计算方法。

(4)学会使用示波器测量信号周期和脉宽的方法。

2.6.2 实验仪器和器材

(1)电子技术实验箱 1 台。

(2)双踪示波器 1 台。

(3)数字万用表 1 块。

(4)555 定时器 2 片、电阻电容若干。

2.6.3 实验原理

555 定时器又称时基电路，是一种将模拟功能与逻辑功能巧妙结合在同一硅片上的中规模集成电路，由于其外部加接少量的阻容元件可以很方便地组成单稳态触发器和多谐振荡器，以及不需外接元件就可组成施密特触发器，因此广泛应用于脉冲波形的产生与变换、测量与控制等方面。

1. 555 定时器内部结构

图 2-6-1 为 555 定时器的外部引脚图和内部结构图。555 定时器由三个 5 kΩ 的电阻组成的分压器、2 个电压比较器 C_1 和 C_2、基本 RS 触发器、放电三极管 T_D 及缓冲器 G_4 等部分组成。比较器 C_1 的参考电压为 $\frac{2}{3}U_{CC}$，加在同相输入端，比较器 C_2 的参考电压为 $\frac{1}{3}U_{CC}$，加在反相输入端。

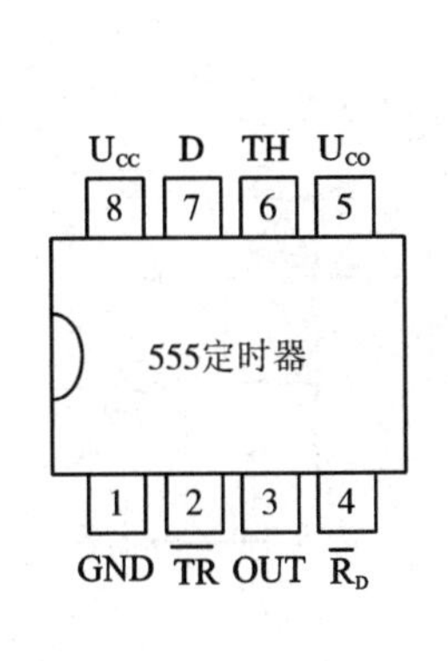

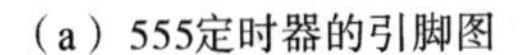

(a) 555定时器的引脚图

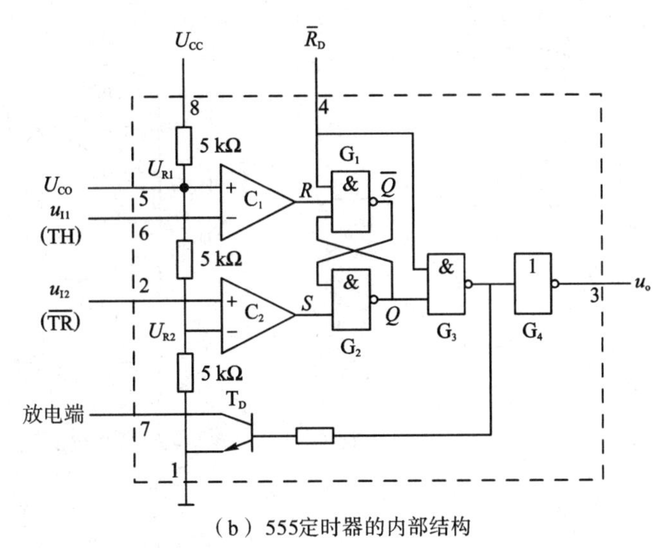

(b) 555定时器的内部结构

图 2-6-1 555 定时器

555 定时器的功能如表 2-6-1 所示。

表 2-6-1　555 定时器的功能表

输入			输出	
$\overline{R}_D$	u_{I1}	u_{I2}	u_o	T_D
0	×	×	0	导通
1	$>\frac{2}{3}U_{CC}$	$>\frac{1}{3}U_{CC}$	0	导通
1	$<\frac{2}{3}U_{CC}$	$>\frac{1}{3}U_{CC}$	不变	不变
1	$<\frac{2}{3}U_{CC}$	$<\frac{1}{3}U_{CC}$	1	截止
1	$>\frac{2}{3}U_{CC}$	$<\frac{1}{3}U_{CC}$	1	截止

2. 555 定时器组成多谐振荡器

多谐振荡器是一种能产生矩形波的自激振荡器，电路没有稳态，只有两个暂稳态。在工作时，电路的状态在这两个暂稳态之间自动地交替变换，由此产生矩形波脉冲信号，常用作脉冲信号源及时序电路中的时钟信号。

由 555 定时器构成的多谐振荡器如图 2-6-2(a)所示，R_1、R_2 和 C 是外接定时元件。图 2-6-2(b)是其工作波形图。

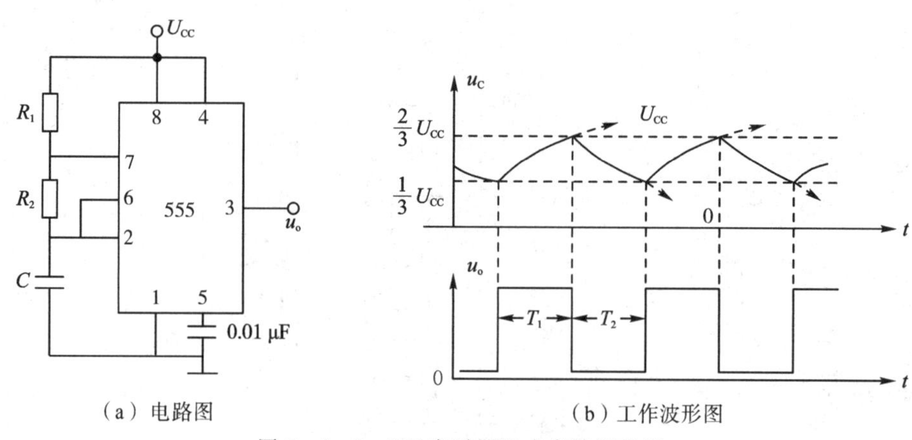

(a) 电路图　　(b) 工作波形图

图 2-6-2　555 定时器组成多谐振荡器

振荡周期 T

$$T_1 = 0.7(R_1 + R_2)C$$
$$T_2 = 0.7R_2C$$
$$T = T_1 + T_2 = 0.7(R_1 + 2R_2)C$$

振荡频率

$$f = \frac{1}{T} = \frac{1.43}{(R_1 + 2R_2)C}$$

输出波形占空比 q

$$q=\frac{T_1}{T}=\frac{0.7(R_1+R_2)C}{0.7(R_1+2R_2)C}=\frac{R_1+R_2}{R_1+2R_2}$$

2.6.4　实验任务

1. 用 555 定时器组成多谐振荡器

按照图 2－6－2(a)连接电路，取 $R_1=1\ \text{k}\Omega$，$R_2=10\ \text{k}\Omega$，$C=0.1\ \mu\text{F}$，利用示波器观测电路输出波形，测出输出波形的周期，并与理论计算值比较。

2. 模拟警笛声音电路

按照图 2－6－3 连接电路，喇叭用实验箱蜂鸣器代替，根据蜂鸣器声音变化及电路中元件参数，分别计算两个多谐振荡器输出信号的频率。

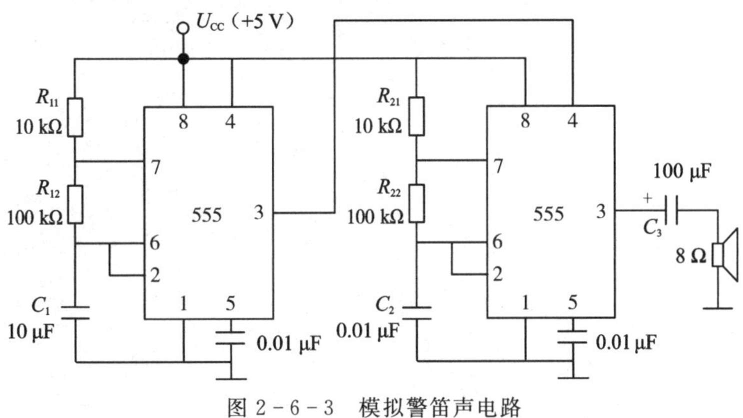

图 2－6－3　模拟警笛声电路

3. 双音频门铃电路

按照图 2－6－4 连接电路，喇叭用实验箱蜂鸣器或扬声器代替，监听门铃电路声音。

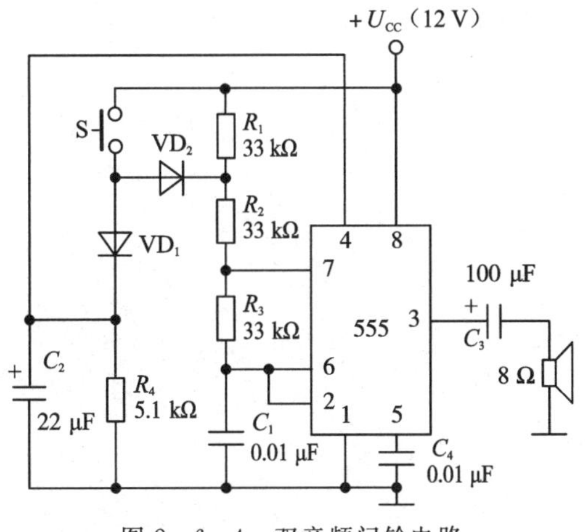

图 2－6－4　双音频门铃电路

2.6.5 实验总结与分析

(1)555 定时器能否产生占空比为 50%的方波?

(2)555 定时器组成的多谐振荡器的输出能否直接驱动蜂鸣器发出声音?简要说出原因。

(3)图 2-6-3 电路中,如果把电容 C_1 和 C_2 的参数互换,电路功能能否实现?

(4)图 2-6-4 电路中,分析二极管 VD_1 和 VD_2 的作用。如果把电容 C_2 和电阻 R_4 的参数分别增大一倍,会发生什么现象?

(5)分析总结实验中遇到的问题及解决方法。

第3章　综合实训项目

3.1　呼吸灯电路的组装与调试

3.1.1　实验目的

(1)熟悉LM358的内部结构、使用方法及特点。

(2)学会用万能PCB板组装电路及合理布线的方法和技巧。

(3)了解呼吸灯电路的工作原理,学会电路调试中电路故障的排除方法。

3.1.2　电路简介

1. 电路功能

呼吸灯的功能就是8个发光二极管在电路的控制之下完成由亮到暗的逐渐变化,然后再从暗到亮,感觉像是在呼吸。呼吸灯被广泛用于数码产品、电脑、音响、汽车等各个领域,起到了很好的视觉装饰效果。该电路尤其适合初学者使用,趣味性强,效果明显,制作难度低,是装配实作、技能训练等的首选。

2. 电路原理

呼吸灯电路原理图如图3-1-1所示。电路单电源供电,U_{CC}的工作电压可用9~12 V的电源。电路的核心是LM358,它与外电路一起构成了一个三角波信号发生器,三极管VT将加在基极的三角波信号进行放大,随着三极管发射极的输出电压变化,来控制发光二极管的亮

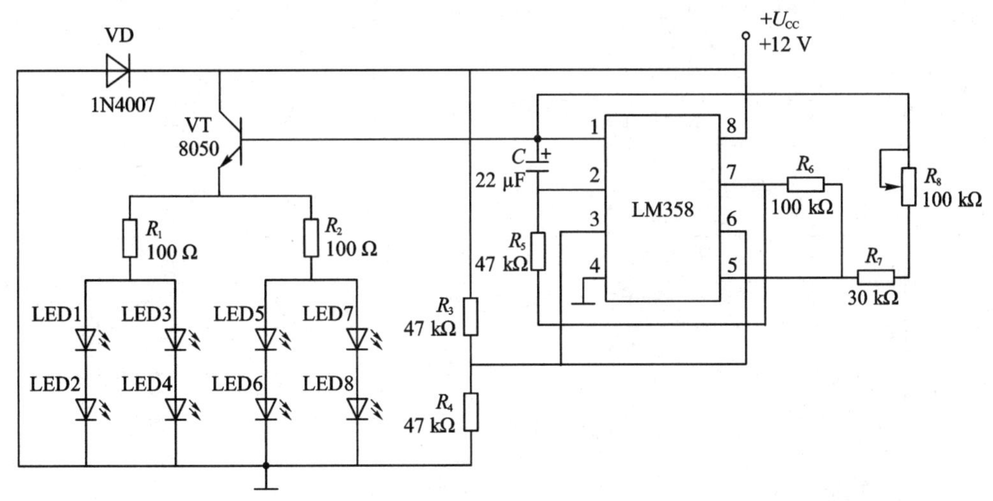

图3-1-1　由LM358构成的呼吸灯电路原理图

度，形成呼吸的效果。图中 R_3、R_4 构成双运算放大器的基准电压，当 U_{CC} 为 12 V 时，基准电压为 6 V 固定值。R_6 是运算放大器反馈电阻，C、R_5、R_6、R_7、R_8 控制呼吸灯呼吸频率。

3. 主要器件介绍

(1)LM358：双运算放大器。它内部包括两个独立的、高增益、内部频率补偿的运算放大器，适合于电源电压范围很宽的单电源使用，也适用于双电源工作模式，在推荐的工作条件下，电源电流与电源电压无关。LM358 的应用场景非常广泛，可以使用在波形发生器、数据放大器、有源滤波器、模拟运算器等多种运放使用的场景中，其实物图和外引脚图如图 3-1-2 所示。

(2)S8050：NPN 型硅材料晶体三极管，主要用于高频放大，也可用作开关电路，其外引脚如图 3-1-3 所示。

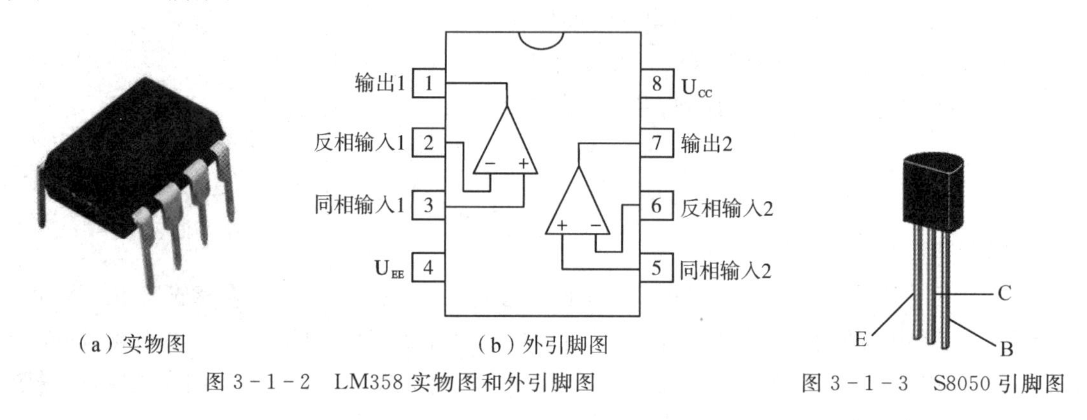

(a) 实物图　　(b) 外引脚图

图 3-1-2　LM358 实物图和外引脚图　　图 3-1-3　S8050 引脚图

4. 元器件清单

表 3-1-1　元器件清单

序号	元器件名称	型号/规格	数量
1	集成运算放大器	LM358	1 个
2	晶体三极管	S8050	1 个
3	金属膜电阻	100 Ω、0.25 W	2 个
4	金属膜电阻	30 kΩ、0.25 W	1 个
5	金属膜电阻	47 kΩ、0.25 W	3 个
6	金属膜电阻	100 kΩ、0.25 W	1 个
7	电位器	100 kΩ	1 个
8	二极管	1N4007	1 个
9	发光二极管	直径 5 mm	8 个
10	电解电容	22 μF	1 个

3.1.3　装配与调试

(1)根据元器件清单表清点并检测元器件包中所提供的各元器件数量及质量好坏。

(2)按照图 3-1-1 在实验箱搭建电路并调试电路功能。

(3)在上步基础上,按照原理图在万能板上合理布线,装配元器件,并调试实现呼吸灯的功能。

3.1.4　实验总结与分析

(1)实验前对元器件清单表中的元器件进行识别和检测是一项基本技能。如何检测运算放大器 LM358 能否正常工作?

(2)本次实验重点培训大家焊接、组装、万能 PCB 板布线等技能,组装完成后在结果异常情况下找出问题并解决问题的技巧和思路,则更显珍贵。请认真总结实验过程中出现的各种问题及解决方法。

(3)如何调节电路的呼吸节奏?简要说明其原理。

3.2　热释远红外报警器组装与检修

3.2.1　实验目的

(1)学会正确识别、检测及安装电子元器件。

(2)学会热释远红外报警电路的识图并理解其工作过程。

(3)掌握电子产品套件的组装、调试及检修方法。

3.2.2　电路简介

1. 套件功能

热释远红外报警器属于被动红外报警器,是根据外界红外能量的变化来判断是否有人在移动。人体的红外能量与环境有差别,当人通过探测区域时,报警器收集这个不同的红外能量的位置变化,进而通过分析发出报警。人体都有恒定的体温,一般在 37 ℃左右,会发出特定波长 10 μm 左右的红外线,被动红外报警器就是靠探测人体发射的 10 μm 左右的红外线而进行工作的。人体发射的 10 μm 左右的红外线通过菲涅耳滤光片增强后聚集到红外感应源上。红外感应源通常采用热释电元件,这种元件在接收到人体红外辐射温度发生变化时就会失去电荷平衡,向外释放电荷,后续电路经检测处理后就能产生报警信号。

2. 工作过程

热释远红外报警器电路原理图如图 3-2-1 所示。电路主要由红外线传感器、信号放大电路、电压比较器、开机延时、音响报警延时和 5 V 电源电路组成。采用人体热释电传感器检测信号,通过三极管 VT_1 和运放 U_1 的 A 部分将信号进行放大。运放 U_1 的 B 部分作为比较器,VD_2 和 R_{13}、C_6 组成一个延时电路,通过电容的充电进行延时。比较器 U_2 用于输出报警信号,点亮报警指示灯 LED1。VD_3 及后面的电路用于屏蔽上电时电容 C_6 充电导致误报警(屏蔽时间 60 s 左右)。

3. 主要器件介绍

(1)PIR:热释电红外传感器。

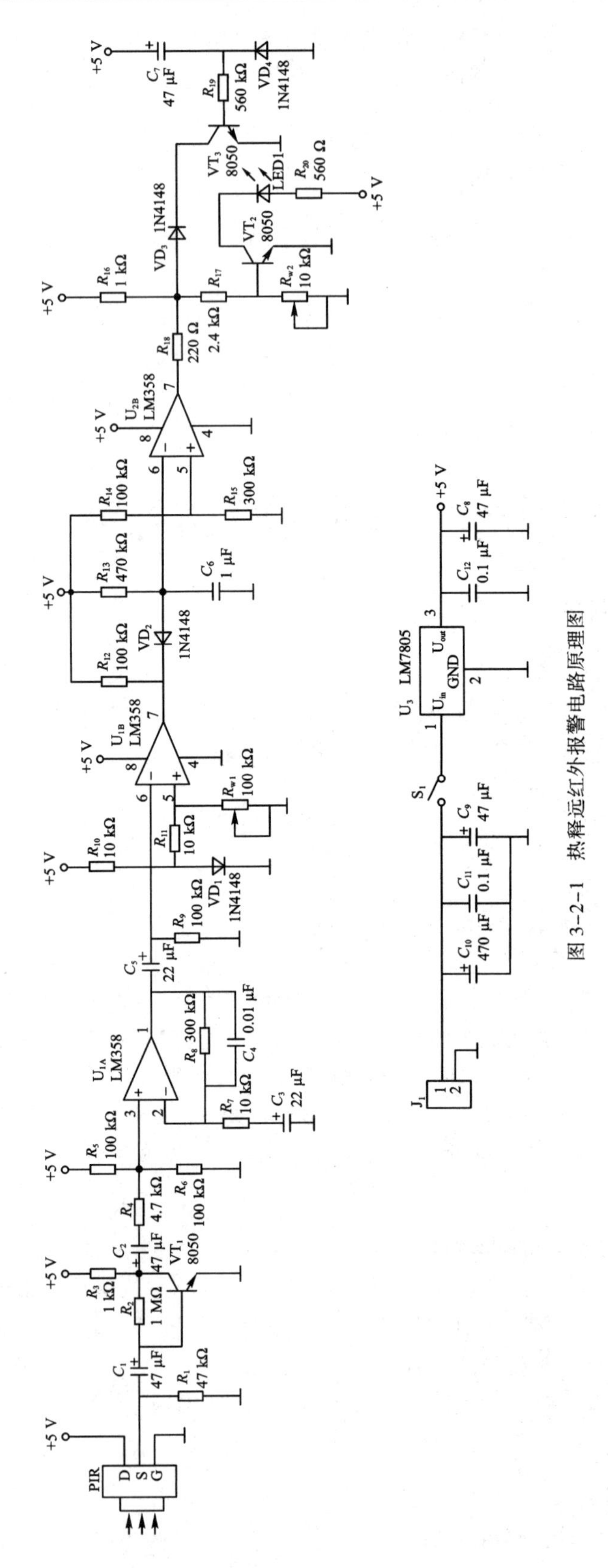

图 3-2-1　热释远红外报警电路原理图

热释电红外传感器是一种能检测人或动物发射的红外线而输出电信号的传感器。传感器主要由外壳、滤光片、热释电元件(感应敏感元)、场效应管(Field Effect Transistor,FET)等组成。其中,滤光片设置在窗口处,组成红外线通过的窗口。滤光片对太阳光和荧光灯光的短波长(约 5 μm 以下)可以很好滤除。热释电元件(感应敏感元)感应元将波长在 8～12 μm 的红外信号的微弱变化转变为电信号,为了只对人体的红外辐射敏感,一般在热释电元件的前方装设有特殊的菲涅耳镜片,使环境的干扰受到明显的抑制作用。

热释电红外传感器的结构如图 3-2-2 所示(其中 D 接正电源,S 为输入端,G 接地),其内部由敏感元件、场效应管、高阻电阻、滤光片等组成,并向壳内冲入氮气封装起来。其外引脚图如图 3-2-2(c)所示。

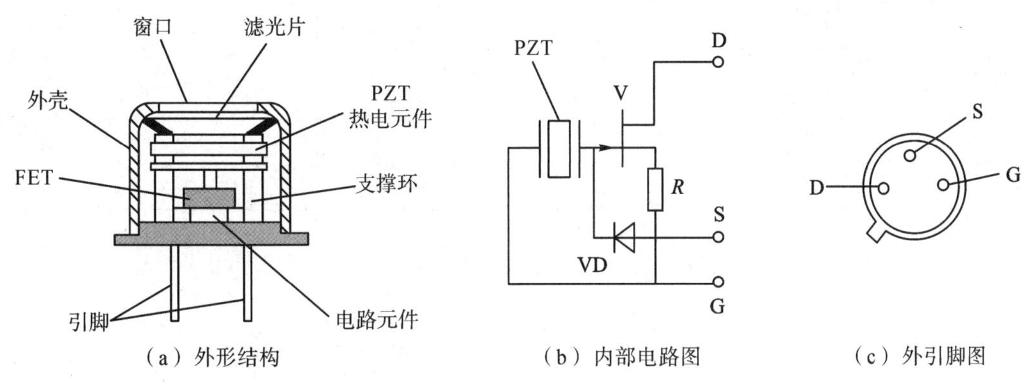

(a) 外形结构 (b) 内部电路图 (c) 外引脚图

图 3-2-2 热释电红外传感器外形结构、内部电路图及外引脚图

(2)U_1、U_2:LM358(见 3.1 实验)。

4. 元器件清单

元器件清单如表 3-2-1 所示,故障维修料如表 3-2-2 所示。

表 3-2-1 热释远红外防盗器元件清单

序号	名称	规格	位号	封装	数量
1	电解电容	47 μF/25 V	C_1、C_2、C_7～C_9	RB 2/5	5
2	电解电容	22 μF/25 V	C_3、C_5	RB 2/5	2
3	瓷片电容	0.01 μF	C_4	CAP104-120	1
4	独石电容	1 μF	C_6	CAP104-120	1
5	电解电容	470 μF/16V	C_{10}	RB 3.5/8	1
6	瓷片电容	0.1 μF	C_{11}、C_{12}	CAP104-120	2
7	电源座(绿色)	3.96 mm,2P	J_1	Port_3.96_2Pin	1
8	插件发光二极管	红色,Φ3	LED1	发光二极管_#3	1
9	红外热释电	RSD	PIR	插件	1
10	插件电阻	47 kΩ	R_1	AXIAL-0.4	1
11	插件电阻	1 MΩ	R_2	AXIAL-0.4	1
12	插件电阻	1 kΩ	R_3、R_{16}	AXIAL-0.4	2

续表

序号	名称	规格	位号	封装	数量
13	插件电阻	4.7 kΩ	R_4	AXIAL－0.4	1
14	插件电阻	100 kΩ	R_5、R_6、R_9、R_{12}、R_{14}	AXIAL－0.4	5
15	插件电阻	10 kΩ	R_7、R_{10}、R_{11}	AXIAL－0.4	4
16	插件电阻	300 kΩ	R_8、R_{15}	AXIAL－0.4	2
17	插件电阻	470 kΩ	R_{13}	AXIAL－0.4	1
18	插件电阻	2.4 kΩ	R_{17}	AXIAL－0.4	1
19	插件电阻	220 Ω	R_{18}	AXIAL－0.4	1
20	插件电阻	560 kΩ	R_{19}	AXIAL－0.4	1
21	插件电阻	560 Ω	R_{20}	AXIAL－0.4	1
22	电位器	100 kΩ	R_{P1}	RP－3362	1
23	电位器	10 kΩ	R_{P2}	RP－3362	1
24	拨动开关	SS14D07VG4 带支架	S_1	拨动开关	1
25	插件集成芯片	LM358	U_1、U_2	DIP8	2
26	插件三端稳压	LM7805	U_3	TO－220AB	1
27	插件二极管	1N4148	VD_1、VD_2、VD_3、VD_4		4
28	插件三极管	8050	VT_1、VT_2、VT_3	TO－92	3

表 3－2－2　故障维修料

序号	名称	规格	位号	封装	数量
1	插件电阻	1 kΩ		AXIAL－0.4	2
2	插件电阻	1 kΩ		AXIAL－0.4	2
3	插件电阻	100 kΩ		AXIAL－0.4	2
4	插件电阻	1 MΩ		AXIAL－0.4	2
5	插件三极管	8050		TO－92	2
6	插件三极管	8550		TO－92	2

3.2.3　装配与调试

(1)准确清点和检查全套装配材料数量和质量，进行元器件的识别与检测，筛选确定元器件。

(2)对照电路原理图和元器件清单表，把选取的元器件及功能部件正确地装配在套件中提供的 PCB 板上。

操作要求：

①元器件焊接安装无错漏，元器件、导线安装及元器件上字符标示方向均应符合工艺要

求;电路板上插件位置正确,接插件、紧固件安装可靠牢固;线路板和元器件无烫伤和划伤处,整机清洁无污物。

②在印刷电路板上所焊接的元器件的焊点大小适中、光滑、圆润、干净,无毛刺;无漏、假、虚、连焊,引脚加工尺寸及成形符合工艺要求;导线长度、剥线头长度符合工艺要求,芯线完好,捻线头镀锡。

(3)把装配好的主板经过细心检查无误后,在主板 J1 处接入 DC9V 电源,观察电路整体工作情况。

3.2.4 电路检修

在装配好的主板上,已经设置了三处故障,对照电路工作原理图加以排除,故障排除后电路才能正常工作。填写表 3-2-3、表 3-2-4、表 3-2-5,完成检修报告。

1. 故障一

表 3-2-3 故障一检修报告

故障现象	
故障检测	
故障点	
故障排除	

2. 故障二

表 3-2-4 故障二检修报告

故障现象	
故障检测	
故障点	
故障排除	

3. 故障三

表 3-2-5　故障三检修报告

故障现象	
故障检测	
故障点	
故障排除	

3.3　8路抢答器套件组装与调试

3.3.1　实验目的

(1)学会正确识别、检测及安装电子元器件。

(2)学会8路抢答器电路的识图并理解其工作过程。

(3)掌握电子产品套件的组装、调试及故障排除方法。

(4)掌握使用示波器和万用表进行电子产品测试的方法。

3.3.2　电路简介

1. 套件功能

套件有9个按键、8个抢答编号、1个抢答复位。抢答器可以根据抢答情况,显示优先抢答者的编号,同时蜂鸣器发声,表示抢答成功。加电后,数码管显示0,开始进行抢答,8个按键中哪一个按键最先被按下,数码立刻显示最先被按下按键的编号,并锁定显示,表示抢答成功,其他按键再按下已经失效,只有按下复位按键,数码管清零,才可进行新一轮的抢答。

2. 工作过程

8路抢答器主要由 D_1～D_{12} 组成的优先编码电路、锁存/译码/驱动电路于一体的CD4511集成电路、数码显示电路和由555定时器构成的报警电路组成,电路原理图如图3-3-1所示。

S_1～S_8 为抢答键,S_9 为复位键,上电后按下抢答按键,蜂鸣器发声,同时数码管显示优先抢答者的编号。抢答成功后,所有抢答按键失效,显示不会改变。复位后,显示器清零,可继续抢答。

3. 主要器件介绍

(1)U_1:CD4511,BCD-七段译码驱动器,用于驱动共阴极发光二极管(数码管)显示器的

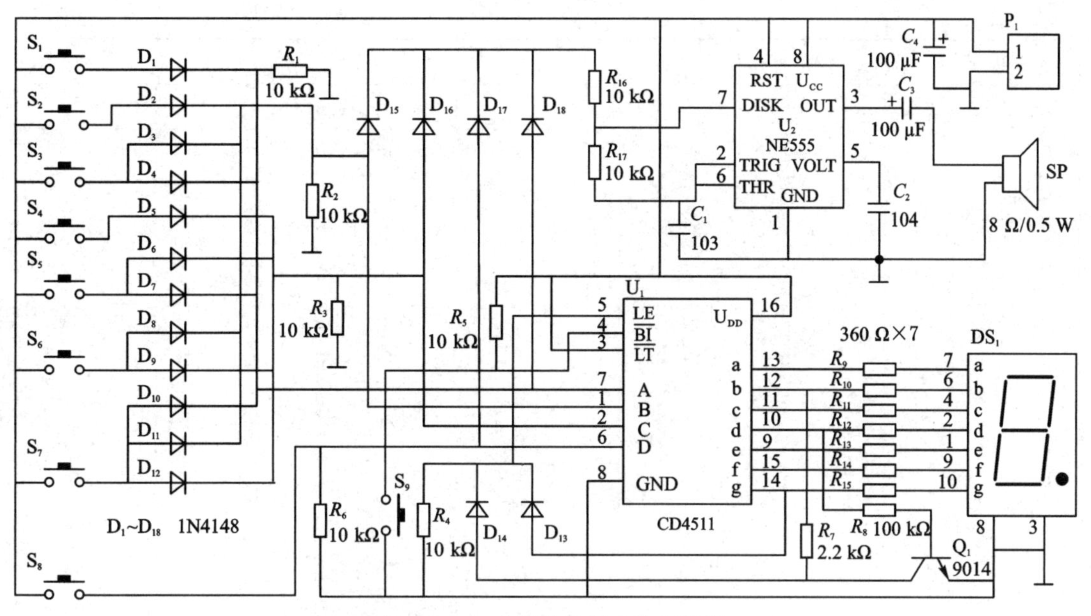

图 3-3-1　8 路抢答器电路原理图

BCD 码-七段码译码器，具有 BCD 转换、消隐和锁存控制、七段译码及驱动功能的 CMOS 电路，输出电流最大可达 25 mA，可直接驱动七段数码管，采用 4.5～9 V 直流供电。CD4511 有 4 个输入端 A、B、C、D 和 7 个输出端 a～g，以及测试端($\overline{LT}$)、消隐端($\overline{BI}$)、锁存允许端(LE)。CD4511 外引脚图如图 3-3-2 所示，功能表如表 3-3-1 所示。

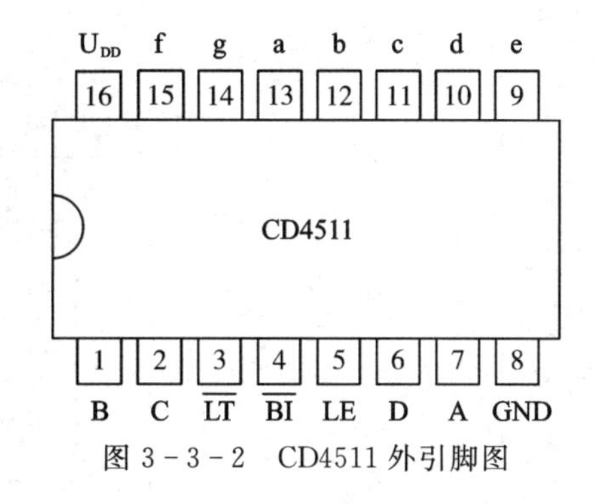

图 3-3-2　CD4511 外引脚图

表 3-3-1　CD4511 功能表

输入							输出							
LE	$\overline{BI}$	$\overline{LT}$	*D*	*C*	*B*	*A*	*a*	*b*	*c*	*d*	*e*	*f*	*g*	显示
×	×	0	×	×	×	×	1	1	1	1	1	1	1	8
×	0	1	×	×	×	×	0	0	0	0	0	0	0	消隐
0	1	1	0	0	0	0	1	1	1	1	1	1	0	0
0	1	1	0	0	0	1	0	1	1	0	0	0	0	1
0	1	1	0	0	1	0	1	1	0	1	1	0	1	2
0	1	1	0	0	1	1	1	1	1	1	0	0	1	3

续表

输　入							输　出							
LE	$\overline{BI}$	$\overline{LT}$	D	C	B	A	a	b	c	d	e	f	g	显示
0	1	1	0	1	0	0	0	1	1	0	0	1	1	4
0	1	1	0	1	0	1	1	0	1	1	0	1	1	5
0	1	1	0	1	1	0	0	0	1	1	1	1	1	6
0	1	1	0	1	1	1	1	1	1	0	0	0	0	7
0	1	1	1	0	0	0	1	1	1	1	1	1	1	8
0	1	1	1	0	0	1	1	1	1	0	0	1	1	9
0	1	1	1	0	1	0	0	0	0	0	0	0	0	消隐
0	1	1	1	0	1	1	0	0	0	0	0	0	0	消隐
0	1	1	1	1	0	0	0	0	0	0	0	0	0	消隐
0	1	1	1	1	0	1	0	0	0	0	0	0	0	消隐
0	1	1	1	1	1	0	0	0	0	0	0	0	0	消隐
0	1	1	1	1	1	1	0	0	0	0	0		0	消隐
1	1	1	×	×	×	×	锁　存							锁存

(2)DS_1:5011AH,共阴数码管,将所有发光二极管的阴极接到一起形成公共阴极的数码管。共阴数码管在应用时应将公共极(COM)接到地线 GND 上。当某一字段发光二极管的阳极为高电平时,相应字段就点亮;当某一字段的阳极为低电平时,相应字段就不亮。共阴数码管的电路原理示意及引脚如图 3-3-3 所示。

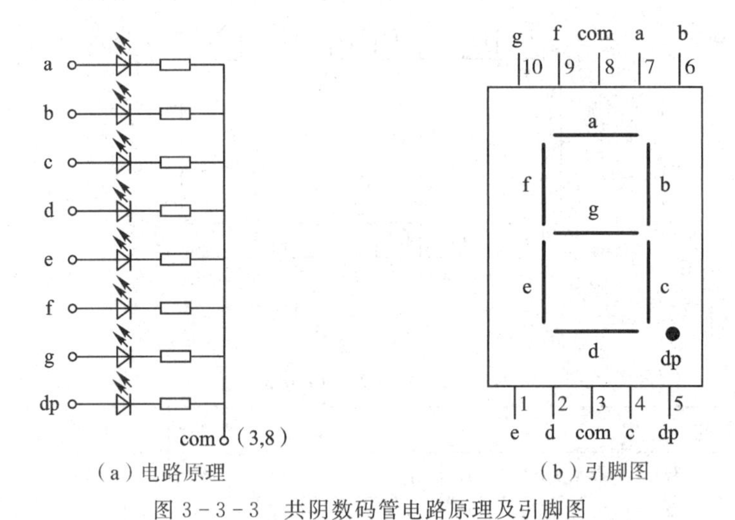

(a)电路原理　　(b)引脚图

图 3-3-3　共阴数码管电路原理及引脚图

(3)U_2:NE555 定时器(见 2.6 实验)。

4. 元器件清单

元器件清单如表 3-3-2 所示。

表3-3-2　8路抢答器元件清单

名称	数量	符号	名称	数量	符号
瓷片电容103	1	C_1	CD4511直插芯片	1	U_1
瓷片电容104	1	C_2	NE555直插芯片	1	U_2
电解电容100 μF/10 V	2	C_3、C_4	三极管S9014	1	Q_1
1/4 W电阻10 kΩ	8	R_1～R_6、R_{16}、R_{17}	开关二极管1N4148	18	D_1～D_{18}
1/4 W电阻2.2 kΩ	1	R_7	共阴数码管5011AH	1	DS_1
1/4 W电阻100 kΩ	1	R_8	轻触按键	9	S_1～S_9
1/4 W电阻360 Ω	7	R_9～R_{15}	蜂鸣器	1	SP
PCB板	1				

3.3.3　装配与调试

(1)准确清点和检查全套装配材料数量和质量,进行元器件的识别与检测,筛选确定元器件。

(2)对照电路原理图和元器件清单表,把选取的元器件及功能部件正确地装配在套件中提供的PCB板上。

操作要求:

①元器件焊接安装无错漏,元器件、导线安装及元器件上字符标示方向均应符合工艺要求;电路板上插件位置正确,接插件、紧固件安装可靠牢固;线路板和元器件无烫伤和划伤处,整机清洁无污物。

②在印刷电路板上所焊接的元器件的焊点大小适中、光滑、圆润、干净,无毛刺;无漏、假、虚、连焊,引脚加工尺寸及成形符合工艺要求;导线长度、剥线头长度符合工艺要求,芯线完好,捻线头镀锡。

(3)把装配好的主板经过细心检查无误后,在主板P1接入4.5～9 V直流电源,为系统提供工作电源,检验电路整体工作情况。

3.3.4　测试与分析

(1)接通电源,测量三极管Q_1在下列情况下的C、E间的电压。

①S_8按下时,Q_1的C、E间的电压为________V;

②S_8未按下时,Q_1的C、E间的电压为________V;

③若电容C_2容值增大,U_2(555)3脚输出波形的频率________(变大、变小、不变);

④若断开R_{17},U_2(555)3脚输出波形的频率会________(变大、变小、不变);

⑤按下S_5时,D_6两端电压为________V,D_7两端电压为________V;松开S_5时,D_6两端电压为________V,D_7两端电压为________V;

⑥电容C_1的作用是________,C_2的作用是________,C_3的作用是________,C_4的作用是________;

⑦若电阻R_4短路,数码显示管显示数值为________;若电阻R_6短路,会出现________现

象；若电阻 R_2 短路，会出现________现象。

⑧利用示波器检测 U_2(555)3 脚输出信号，记录波形参数并填入表 3-3-3 中。

表 3-3-3　波形参数记录表

记录示波器波形	频率	幅度
	$f=$	$U_{P-P}=$
	时间挡位	幅度挡位

(2)当 C_1 开路时出现的故障现象是什么？简要分析原因。

(3)三极管 Q_1 的 CE 极短路后的故障现象是什么？请说明原因。

3.4　电子拔河游戏机电路仿真分析

3.4.1　实验目的

(1)初步学习使用 Multisim 对电路进行仿真和分析的基本操作方法。

(2)理解电子拔河游戏机各功能单元电路的工作原理和整体电路的工作流程。

3.4.2　电路简介

1. 电路功能

电路使用 9 个发光二极管表示拔河的“电子绳”。开机后只有在拔河“电子绳”中间的发光二极管亮，代表拔河中心点。由裁判下达比赛开始命令(按下复位按键)后，游戏甲乙双方各持一个按键才能输入信号，否则，输入信号无效。快速不断地按动各自按键产生脉冲，谁按得快，发光的二极管就向谁的方向移动，每按一次就移动一位。亮的发光二极管移到任一方的终点时，该方就获胜，此后双方按键均自动保持无效状态，待裁判再次按动复位按钮后，“电子绳”中间的发光二极管重新亮。用数码管显示获胜者的盘数，每次比赛结束时，自动给获胜方加 1 分。

2. 电路原理

电子拔河游戏机电路原理图如图 3-4-1 所示。可逆计数器 CD40193 原始状态输出 4 位二进制数 0000，经译码器 CC4514 输出 Q_0 为高电平，Q_0 端连接的中间的一只 LED 点亮。当按动 A、B 两个按键时，分别产生两个脉冲信号，经整形后分别加到 CD40193 的 CP_U 和 CP_D

端作为计数脉冲，CD40193 输出的代码经 CC4514 译码后驱动 LED 点亮并产生移位，当亮点移到任何一方终端后，在控制电路的作用下锁定当前状态，输入脉冲不再起作用。如按动复位键，即 CD40193 的 14 脚清零端为高电平时，CD40193 输出清零。译码器 CC4511 输入为 0000 时，输出端 Q_0 为高电平，则亮点回到中点位置，可进行下次比赛。

将双方终端 LED 的阳极分别经一个与非门后连接到各自十进制计数器 CC4518 的使能端 EN，当任一方取胜，该方终端指示灯点亮，产生 1 个正脉冲上升沿使其对应的计数器计数（此时 CC4518 的 *EN* 信号经与非门变为下降沿，在 *CP* 为低电平时触发计数），计数器的输出即显示了胜方取胜的盘数。当计数器 CC4518 的清零端为高电平时，输出清零，此时数码管显示清零。

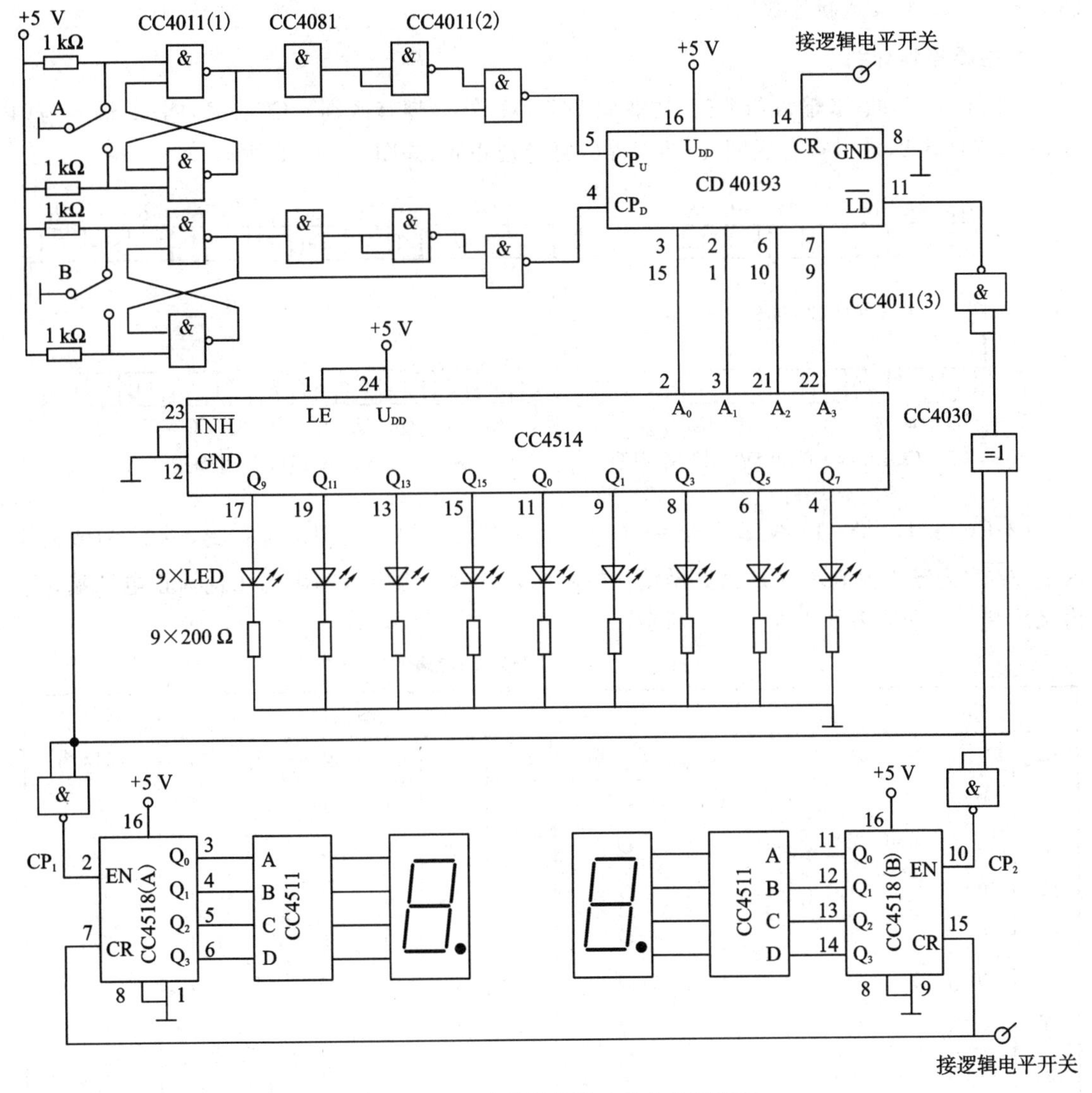

图 3-4-1　电子拔河游戏机电路原理图

脉冲整形电路由 CC4011(1)、CC4011(2)、CC4081 组成，对按键 A、B 所产生的脉冲进行整形，增大脉冲占空比，以增强脉冲的可靠性，确保 CD40193 能接收到有效的计数脉冲。

异或门 CC4030 和与非门 CC4011(3)作为控制电路，接收双方终端二极管的阳极信号，当获胜一方为“1”，而另一方为“0”，异或门输出为“1”，经与非门产生低电平“0”，再送到 CD40193 置数端$\overline{LD}$，计数器停止计数，处于预置状态。由于计数器数据端 D_0、D_1、D_2、D_3 和输出端 Q_0、Q_1、Q_2、Q_3 对应相连，输入也就是输出，从而使计数器对输入脉冲不起作用。

将双方终端 LED 阳极经与非门后的输出分别接到两个 CC4518 计数器的 EN 端，当一方取胜时，该方终端 LED 发亮，产生一个下降沿，使相应的计数器进行加 1 计数，经 CC4511 和数码管译码显示，于是就得到了双方取胜次数的显示。

为能进行多次比赛需要进行复位操作。为使亮点返回中心点，可用一个电平开关控制 CC40193 的清零端 CR 即可。胜负显示器的复位也应用一个开关来控制胜负计数器 CC4518 的清零端 CR，使其重新计数。

3. 主要器件介绍

(1)CC4011，四-2 输入与非门(功能同 74LS00，外引脚有区别)；CC4081，四-2 输入与门(功能同 74LS08，外引脚有区别)。两者外引脚排列相同，如图 3-4-2 所示。

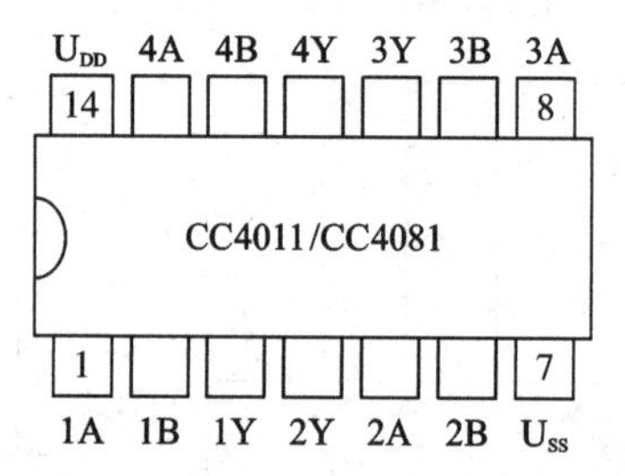

图 3-4-2　CC4011/ CC4081 外引脚排列图

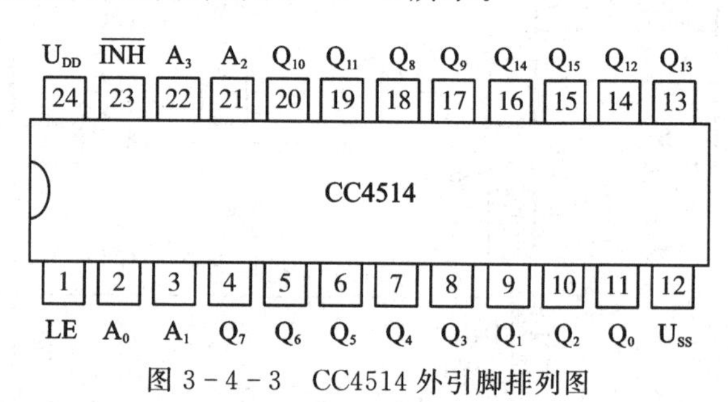

图 3-4-3　CC4514 外引脚排列图

(2)CC4514，4 线-16 线译码器，图 3-4-3 是其外引脚排列图。其中，$A_0 \sim A_3$ 为数据输入端，$\overline{INH}$为输入控制端，LE 为数据锁存控制端，$Q_0 \sim Q_{15}$ 为数据输出端，U_{DD} 为正电源端，U_{SS} 为接地端。其功能表如表 3-4-1 所示。

表 3-4-1　CC4514 功能表

输入						高电平输出端	输入						高电平输出端
LE	$\overline{INH}$	A_0	A_1	A_2	A_3		LE	$\overline{INH}$	A_0	A_1	A_2	A_3	
1	0	0	0	0	0	Q_0	1	0	1	0	0	1	Q_9
1	0	1	0	0	0	Q_1	1	0	0	1	0	1	Q_{10}
1	0	0	1	0	0	Q_2	1	0	1	1	0	1	Q_{11}
1	0	1	1	0	0	Q_3	1	0	0	0	1	1	Q_{12}
1	0	0	0	1	0	Q_4	1	0	1	0	1	1	Q_{13}
1	0	1	0	1	0	Q_5	1	0	0	1	1	1	Q_{14}
1	0	0	1	1	0	Q_6	1	0	1	1	1	1	Q_{15}
1	0	1	1	1	0	Q_7	1	1	×	×	×	×	无
1	0	0	0	0	1	Q_8	0	0	×	×	×	×	*

* 输出状态锁定在上一个 $LE=1$ 时，$A_0 \sim A_3$ 的输入状态。

(3)CC4518，二进制、十进制(8421 编码)同步加法计数器，含两个单元加法计数器，图 3 - 4 - 4 是其外引脚排列图，其功能表如表 3 - 4 - 2 所示。

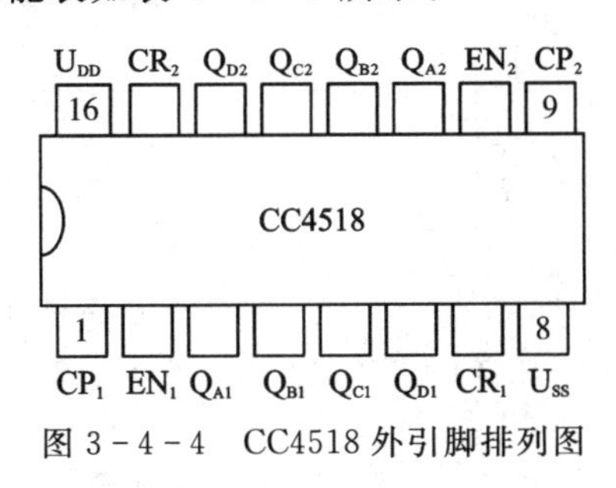

图 3 - 4 - 4　CC4518 外引脚排列图

CC4518 引脚功能如下。

引脚 1(CP_1)：计数器 1 时钟输入端。

引脚 2(EN_1)：计数器 1 计数允许控制端。

引脚 3～6(Q_{A1}～Q_{D1})：计数器 1 输出端。

引脚 7(CR_1)：计数器 1 清除端。

引脚 8(U_{SS})：电源负极。

引脚 9(CP_2)：计数器 2 时钟输入端。

引脚 10(EN_2)：计数器 2 计数允许控制端。

引脚 11～14(Q_{A2}～Q_{D2})：计数器 2 输出端。

引脚 15(CR_2)：计数器 2 清除端。

引脚 16(U_{DD})：电源正极。

表 3 - 4 - 2　CC4518 功能表

CR	*CP*	*EN*	功　能
0	↑	1	加计数
0	0	↓	加计数
0	↓	×	保　持
0	×	↑	
0	↑	0	
0	1	↓	
1	×	×	清　零

(4)CD40193。CD40193 是同步四位二进制可逆计数器，双时钟输入，并具有异步清零和异步置数等功能。其逻辑符号和外引脚排列图如图 3 - 4 - 5 所示，控制功能如表 3 - 4 - 3 所示。

引脚排列图中，CP_U 为加计数时钟输入端，CP_D 为减计数时钟输入端，TC_U 为加进位输出端，TC_D 为减借位输出端，U_{SS}为接地端。

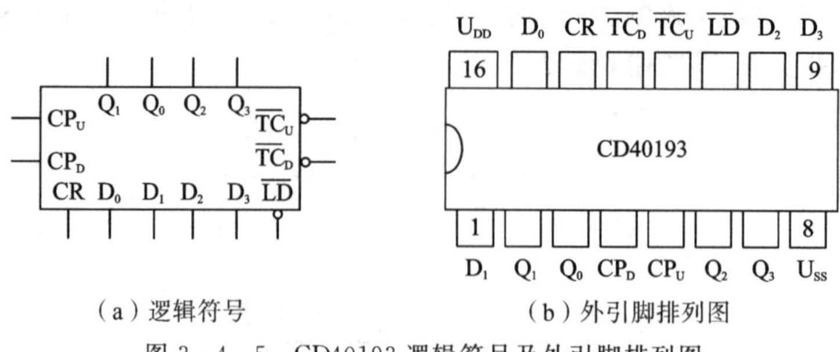

（a）逻辑符号　　（b）外引脚排列图

图 3-4-5　CD40193 逻辑符号及外引脚排列图

表 3-4-3　CD40193 功能表

输入								输出			
清零	置数	时钟		数据				Q_0	Q_1	Q_2	Q_3
CR	$\overline{LD}$	CP_U	CP_D	D_0	D_1	D_2	D_3				
1	×	×	×	×	×	×	×	0	0	0	0
0	0	×	×	D_0	D_1	D_2	D_3	D_0	D_1	D_2	D_3
0	1	1	1	×	×	×	×	保持			
0	1	1	1	×	×	×	×	加计数			
0	1	1	1	×	×	×	×	减计数			

3.4.3　仿真与调试

用 Multisim 仿真软件绘制图 3-4-1 电路，按照电路功能进行调试。参考仿真电路如图 3-4-6 所示。

(1)按键整形电路的测试。把输出端接入示波器或发光二极管，测试得出：不按下时保持高电平，按下恢复时，输出跳变到低电平，没有毛刺。

(2)CC4514 译码器测试。按图连接好电路之后，给数据输入端 A_3～A_0 依次输入 0000～1111，对应的输出端 Q 输出为高电平，所连接的发光二极管被点亮。

(3)终端控制电路测试。参照表 3-4-1，给 CC4514 的 A_3～A_0 分别输入 0111 或 1001 时，Q_7 或 Q_9 端输出高电平，甲乙两方中的一方终端指示灯亮，异或门经过与非门后输出为低电平，计数器 CD40193 的置数控制端为低电平有效，输入与输出相同，计数器 CD40193 不计数，点亮的发光二极管状态始终保持不变。当 CD40193 的清零端为高电平时，计数器清零，Q_0 输出为高电平，其对应指示灯亮，即电子绳复位，可以开启新的一轮比赛。

(4)编码电路测试。给 CD40193 的 CP_U 和 CP_D 端分别加入负脉冲，测试灯是否可以左右移动。

(5)译码显示电路测试。按照 CC4518 的功能表，给 EN 端加入单独脉冲源，测试计数译码显示电路的工作情况。

(6)整体电路测试。按照图 3-4-1 连接整体电路，检查无误后加电测试整体电路功能及工作过程。

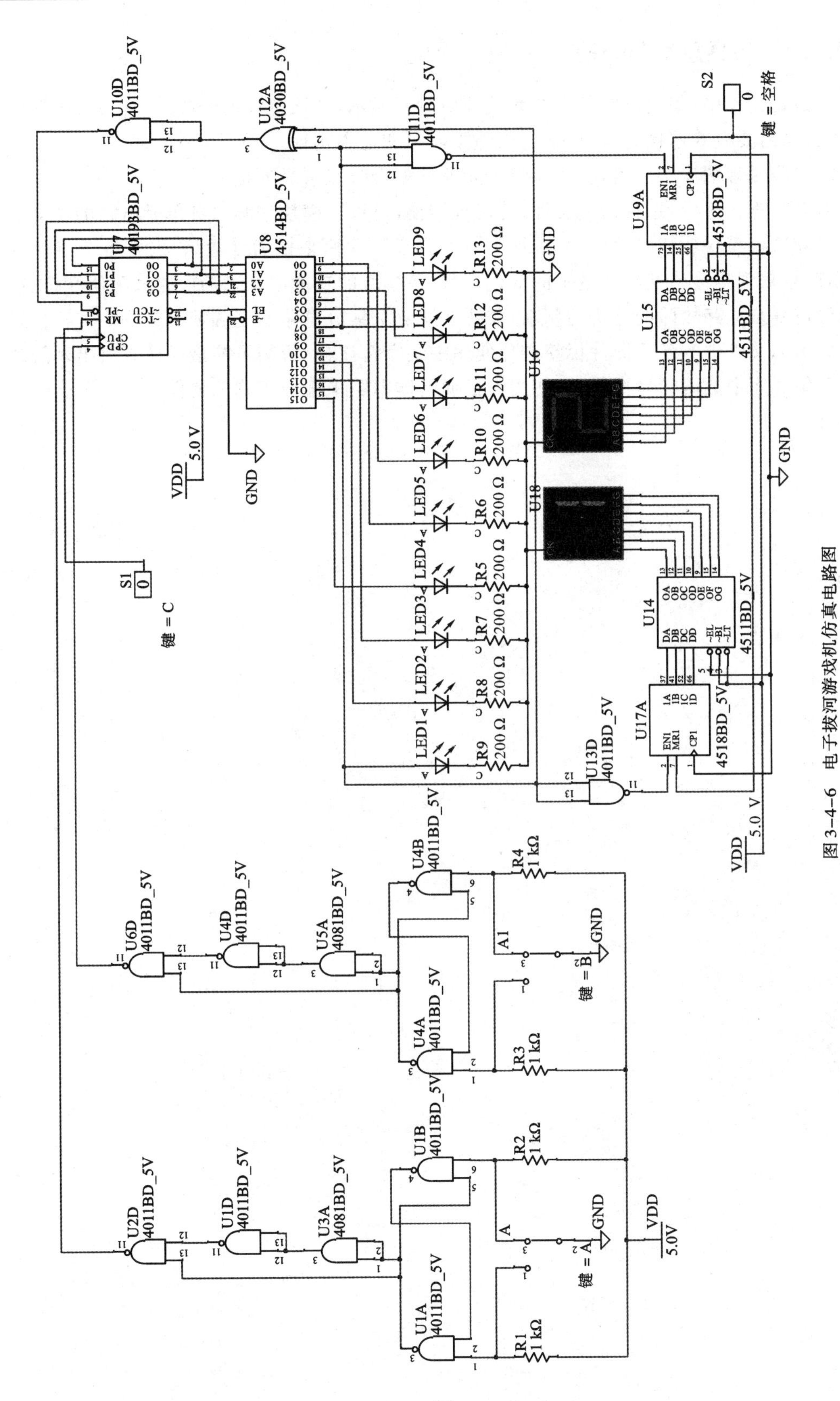

图 3-4-6　电子拔河游戏机仿真电路图

3.4.4 仿真总结与分析

(1)仿真元件中,集成电路的电源和接地引脚不显示,默认电源已经接入;各集成电路使用时某些引脚需要有效地接高低电平,可以外接电源和地来实现。

(2)按照原理图连接电路,要确保每个元器件相交节点可靠连接。

(3)电路连接好后,运行仿真文件,若出现错误,可以分模块来测试各单元电路的功能。

(4)测试各模块功能时,可以直接加入信号源或脉冲源来作为计数信号,在各节点接入探针或示波器来观察输出端高低电平的变化,测试各模块的功能或来判断电路故障所在位置。

(5)对复杂电路故障的分析与判断,需要了解每个集成电路的正确使用方法。

(6)仿真文件中的各元器件标签避免使用中文字符注释,否则可能造成仿真时出现问题。

(7)仿真库中数码管种类较多,使用时根据具体电路来选择正确的元件。

第4章　电子产品的组装与调试

组装是将各种电子元器件、机电元件及结构件，按照设计要求，装接在规定的位置上，组成具有一定功能的完整的电子产品的过程。电子产品的组装质量决定了产品的性能和可靠性。电子产品组装完成后，还需要进行调试检测，检测通过以后，才可认为制作真正完成了。

4.1　电子产品组装

4.1.1　组装前的准备工作

1. 元器件的检查和筛选

准备组装之前，最好对照电路原理图列出所需元器件的清单。为了保证在电子制作的过程中不浪费时间，减少差错，同时也保证制成后的产品能长期稳定地工作，待所有元器件都备齐后，还必须对其进行检查和筛选。

2. 导线的加工

导线加工工具主要有剥线钳、剪刀、尖嘴钳和斜口钳等，按照电路连线需要进行加工。绝缘导线加工的步骤、方法及注意事项可参见表 4-1-1。

表 4-1-1　绝缘导线加工的步骤、方法及注意事项

序号	步骤	方法及注意事项
1	剪裁	根据连接线的长度要求，将导线剪裁成所需的长度。剪裁时，要将导线拉直再剪，以免造成线材的浪费
2	剥头	将绝缘导线去掉一般绝缘层而露出芯线的过程叫剥头。剥头时，要根据安装要求选择合适的剥点，且不能损伤或剥断芯线。剥头过长会造成线材浪费，剥头过短，会导致不能用
3	捻头	将剥头后剥出的多股松散的芯线进行捻合的过程叫捻头。捻头时，应用拇指和食指对其顺时针或逆时针方向进行捻合，并要使捻合后的芯线与导线平行，以方便安装。捻头时，芯线捻合要又紧又直，且不能损伤芯线
4	涂锡	将捻合后的芯线用焊锡丝或松香加焊锡进行上锡处理（叫涂锡）。芯线涂锡后，表面要光滑、无毛刺、无污物，且不能烫伤绝缘导线的绝缘层。芯线涂锡后，可以提高芯线的强度，更好地适应安装要求，减少焊接时间，保护焊盘焊点

4.1.2　元器件的安装

电路板上元器件的安装次序应该以前道工序不妨碍后道工序为原则，一般是先装低矮的小功率卧式元器件，然后装立式元器件和大功率卧式元器件，再装可变元器件、易损元器件，最

后装带散热器的元器件和特殊元器件。

插件次序:先插跳线,再插卧式 IC 和其他小功率卧式元器件,最后插立式元器件和大功率卧式元器件;而开关、插座等有缝隙的元器件以及带散热器的元器件和特殊元器件一般都不插,留待上述已插元器件整体焊接以后再由手工分装来完成。

4.1.3 万能板的组装

1. 万能板的分类及特点

目前市场上出售的万能板主要有两种:一种是焊盘各自独立的,简称单孔板(图 4-1-1);另一种是多个焊盘连在一起的,简称连孔板(图 4-1-2)。单孔板又分为单面板和双面板两种。万能板按材质的不同,又可以分为铜板和锡板。

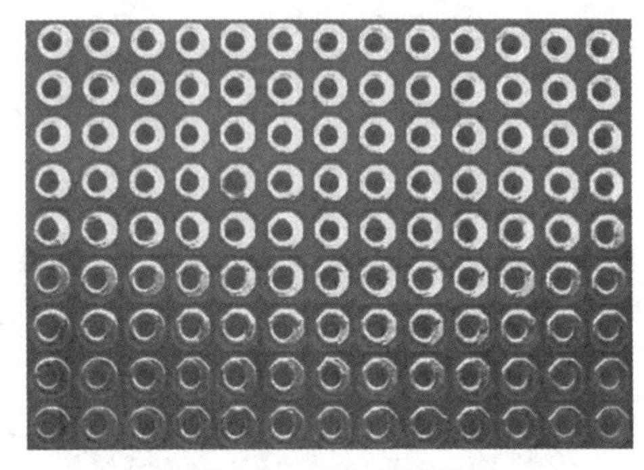

图 4-1-1 单孔板

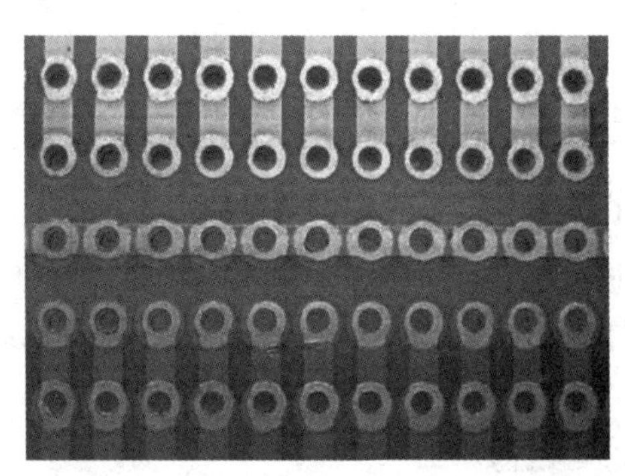

图 4-1-2 连孔板

2. 万能板的焊接

在焊接万能板之前需要准备足够的细导线用于走线,细导线分为单股和多股两种。单股硬导线可将其弯折成固定形状,剥皮之后还可以当作跳线使用;多股细导线质地柔软,焊接后显得较为杂乱。万能板具有焊盘紧密等特点,这就要求烙铁头有较高的精度,建议使用功率为 30 W 左右的尖头电烙铁。同样,焊锡丝也不能太粗,建议选择线径为 0.5~0.6 mm 的焊锡丝。

万能板的焊接方法一般是利用细导线进行飞线连接,飞线连接没有太大的技巧,但要尽量做到水平和竖直走线,整洁清晰,如图 4-1-3 所示。还有一种方法叫作锡接走线法,如图 4-1-4 所示。这种方法工艺不错,性能也稳定,但比较浪费锡,而且纯粹的锡接走线难度较高,受到锡丝、个人焊接工艺等各方面的影响。如果先拉一根细铜丝,再随着细铜丝进行拖焊,则简单许多。

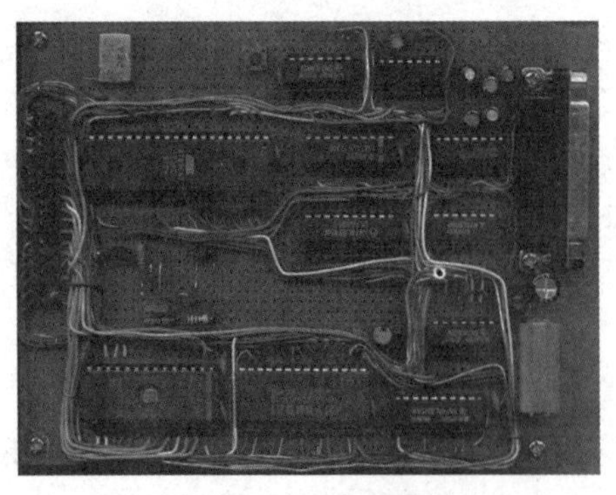

图 4-1-3 飞线连接

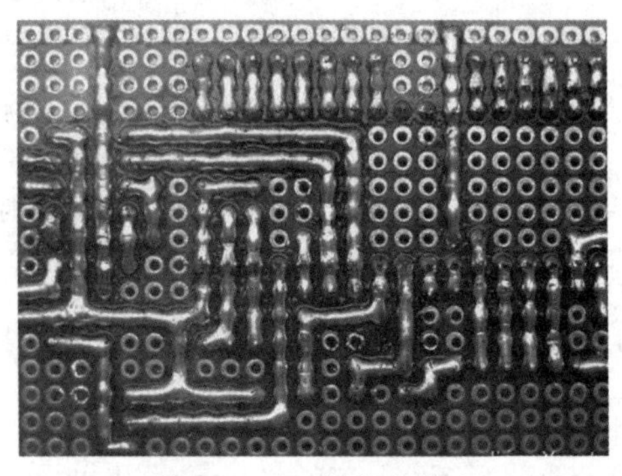

图 4-1-4 锡接走线法

很多初学者焊的板子很不稳定，容易短路或断路。除了布局不够合理和焊工不良等因素外，缺乏技巧是造成这些问题的重要原因之一。掌握一些技巧可以使电路的复杂程度大大降低，减少飞线的数量，让电路更加稳定。表 4-1-2 列出了万能板的焊接技巧。

表 4-1-2　万能板的焊接技巧

序号	焊接技巧	说　明
1	初步确定电源、地线的布局	电源贯穿电路始终，合理的电源布局对简化电路十分关键。某些万能板布置有贯穿整块板子的铜箔，应将其用作电源线和地线；如果无此类铜箔，则需要对电源线、地线的布局有个初步的规划
2	善于利用元器件的引脚	万能板的焊接需要大量的跨接、跳线等，不要急于剪断元器件多余的引脚，有时候直接跨接到周围待连接的元器件引脚上会事半功倍。另外，本着节约材料的目的，可以把剪断的元器件引脚收集起来作为跳线用
3	善于利用排针	排针有许多灵活的用法。比如两块板子相连，就可以用排针和排座，排针既起到了两块板子间的机械连接作用，又起到电气连接的作用
4	充分利用双面板	双面板的每一个焊盘都可以当作过孔，灵活实现正反面电气连接
5	充分利用板上的空间	在芯片座里面隐藏元件，既美观又能保护元件（图 4-1-5）
6	跳线技巧	当焊接完了一个电路后发现某些地方漏焊了，但是漏焊的地方却被其他焊锡阻挡了，应该用多股线在背面跳线。如果是焊接前就需要跳线。那么用单股线在万能板正面跳线

图 4-1-5 就是充分利用芯片座内的空间隐藏元件，从而节省了空间。

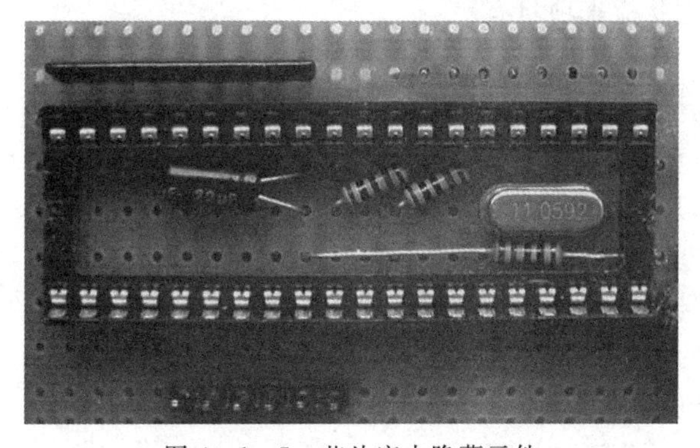

图 4-1-5　芯片座内隐藏元件

4.2　调试技术

电子产品不经过调试很难达到设计要求，而不同的产品，调试的方法也不同。本节针对课程实验特点主要介绍一些常用调试方法和技巧。

4.2.1 调试前的准备工作

在调试电路时，首先要对电路进行初步认识。先观察电路的表面情况，看电路板焊接是否有问题；其次轻微晃动电路板，听听是否有异常响动；再次如果不是自己设计的电路，要先弄清楚电路原理；最后检查芯片等器件是否插牢，有些不易观察的焊点是否焊接牢靠。这些基本的检查做完后，也不易直接通电，还需进行认真检查，具体的检查内容如下。

(1)电路连线检查。电路连线主要检查错线、少线和多线的情况。检查时可以按照电路图安装的线路检查，也可按照实际线路来对照原理图进行查线。具体操作是用数字万用表的蜂鸣挡从元器件的引脚处测量连线是否正常。

(2)元器件安装检查。检查元器件引脚之间是否有短路现象，连接处是否有接触不良的情况，二极管、三极管、集成块及电解电容等器件的极性是否连接正确等。

(3)电源、信号源等是否连线正确，极性是否正确。

(4)电源端对地是否存在短路。在通电前，断开一端电源线，用万用表检查电源端对地是否存在短路。

4.2.2 调试的一般方法

调试不但要使电子电路达到规定的指标，还要发现设计中存在的缺陷并进行及时调整。调试的方法一般是先局部后整体，先静态后动态。

1. 测量法

测量法是指用万用表测量电路中的电压、电流、电阻等值，判断故障的方法。

(1)电压检查法：通过检测电路某些测试点工作电压的值，来判别产生电压的原因，从而判定产生故障的原因。主要检查项目有：

①交流市电压，220 V，50 Hz；

②交流低电压，几伏到几十伏，50 Hz，不同情况下电压值不同；

③直流工作电压，不同电路有所不同，具体情况具体分析；

④音频信号电压，几毫伏至几十伏。

(2)电流检查法：电流检查法通过测量电路中流过某一测试点的直流电流的值，来判断电路的工作情况，从而找出故障原因。主要检查项目有：

①测量集成电路的静态直流工作电流；

②测量三极管集电极的静态直流工作电流；

③测量整机电路的直流工作电流；

④测量电动机的直流工作电流；

⑤测量交流电流。

(3)电阻检查法：一个工作正常的电路在常态时(未通电)，有些线路应呈通路，有些应呈开路，有的则有一个确切的电阻值。电路工作失常时，这些电路阻值状态将发生变化，可根据这些变化判断故障位置。主要检查项目有：

①开关件的通路与断路检查；

②接插件的通路与断路检查；

③铜箔线路的通路与断路检查；

④元器件质量的检测。

2. 观察法

利用示波器能够直观查看放大器输出波形的特点，根据示波器上所显示信号波形的情况，判断故障部位。观察法有很多种，最基本的就是直观观察法，可以发现电路的一些表面问题，这里主要是通过观察信号波形来找出电路故障。这种使用示波器观察信号波形的方法，称为示波器检查法。

3. 元件代换法

当对某个元器件产生怀疑时，可以运用质量可靠的元器件去替代(更换)所怀疑的元器件，如果替代后故障现象消失，说明怀疑、判断属实，也就找到了故障部位；如果替代后故障仍然存在，说明怀疑错误，同时也排除了所疑部位，缩小了故障范围。

第 5 章　常用仪表使用

5.1　F40 数字合成函数信号发生器使用说明

F40 数字合成函数信号发生器具有输出函数信号、调频、调幅、频移键控(Freguoncy Shift Keying,FSK)、相移键控(Phase Shift Keying,PSK)、猝发、频率扫描等信号的功能。此外,本仪器还具有测频、计数、任意波发生器的功能。

5.1.1　常用技术指标

1. 函数发生器

(1)波形特性。

主波形:正弦波、方波、TTL 波(方波、TTL 波最高输出频率≤40 MHz)。

波形幅度分辨率:12 bits。

采样速率:200 MSa/s 。

正弦波谐波失真:≤−50 dB(频率≤ 5 MHz)

≤−45 dB(频率≤10 MHz)

≤−40 dB(频率≤20 MHz)

≤−35 dB(频率≤ 40 MHz)

≤−30 dB(频率 > 40 MHz)

正弦波失真度:≤0.1%(频率:20 Hz ~ 100 kHz)。

方波升降时间:≤ 15 ns 。

注:正弦波谐波失真、正弦波失真度、方波升降时间测试条件为输出幅度 2 V(峰峰值高阻),环境温度 25 ℃±5 ℃。

储存波形:正弦波、方波、脉冲波、三角波、锯齿波、阶梯波等 27 种波形。

波形长度:4096 点。

波形幅度分辨率:10 bits。

脉冲波占空系数:0.1% ~ 99.9%(频率≤10 kHz);1% ~ 99%(10 kHz ~ 100 kHz)。

脉冲波升降时间:≤ 100 ns。

直流输出误差:≤±5%U_o+10 mV(输出电压值范围 10 mV~10 V)。

(2)频率特性。

频率范围:主波形: 1 μHz ~ 40 MHz;储存波形:1 μHz ~ 100 kHz。

分辨率:1 μHz。

频率误差:≤±5×10^{-6}。

频率稳定度:优于±1×10^{-6}。

(3)幅度特性。

幅度范围:1 mV ～ 10 V(峰峰值、50 Ω)。

最高分辨率:2 μV (峰峰值、高阻),1 μV(峰峰值、50 Ω)。

幅度误差:≤±1%U_{pp}+0.2 mV (频率 1 kHz 正弦波)。

幅度稳定度:±0.5 % /(3 h)。

平坦度:

幅度≤2 V(峰峰值)±3%(频率≤ 5 MHz),±10%(5 MHz<频率≤ 40 MHz);

幅度>2 V(峰峰值)±5%(频率≤ 5 MHz),±10%(5 MHz<频率≤ 20 MHz);

±20%(频率> 20 MHz)。

输出阻抗:50 Ω。

幅度单位:V(峰峰值)、mV(峰峰值)、V(有效值)、mV(有效值)、dB(参考功率为 1 mW)。

(4)偏移特性。

直流偏移(高阻、频率≤ 40 MHz):±(10 V−$U_{pk,ac}$)(偏移绝对值≤ 2×幅度峰峰值)。

最高分辨率:2 μV(高阻),1 μV(50 Ω)。

偏移误差:

信号幅度≤ 2 V(峰峰值、高阻):≤±(5% U_{pp}+10 mV)

信号幅度> 2 V(峰峰值、高阻):≤±(5%U_{pp}+200 mV)

(5)存储特性。

存储参数:信号的频率值、幅度值、波形、直流偏移值、功能状态。

存储容量:10 个信号。

重现方式:全部存储信号用相应序号调出。

存储时间:10 年以上。

(6)操作特性。

除了数字键直接输入以外,还可以使用调节旋钮连续调整数据,操作方法可灵活选择。

2. 计数器

(1)频率测量范围:测频 1 Hz ～ 100 MHz,计数重复率≤50 MHz。

(2)输入特征:

最小输入电压:“ATT”打开:50 mV(有效值)(频率:10 Hz ～ 50 MHz)。

100 mV(有效值)(频率:1 Hz ～ 100 MHz)。

“ATT”合上:0.5 V(有效值)(频率:10 Hz ～ 50 MHz)。

1 V(有效值)(频率:1 Hz ～ 100 MHz)。

最大允许输入电压: 100 V(峰峰值、频率≤100 kHz),20 V(峰峰值、频率≤ 100 MHz)。

输入阻抗:R>500 kΩ,C<30 pF。

耦合方式:AC。

波形适应性:正弦波、方波。

低通滤波器:截止频率约为 100 kHz。

带内衰减:≤ −3 dB。

带外衰减:≥ −30 dB(频率>1 MHz)。

(3)测量时间:10 ms ～ 10 s 连续可调。

(4)显示位数:8 位(闸门时间>5 s)。

(5)计数容量:≤ 4.29×10^{9}。

(6)计数控制方式:手动或外闸门控制。

(7)测量误差:时基误差±触发误差(被测信号信噪比优于 40 dB,则触发误差≤0.3)。

(8)时基:类别:小型温补晶体振荡器。

标称频率:10 MHz。

稳定度:优于 $\pm1\times10^{-6}$(22 ℃±5 ℃)。

5.1.2 面板说明

1. 显示说明

显示区及其功能如图 5-1-1 和表 5-1-1 所示。

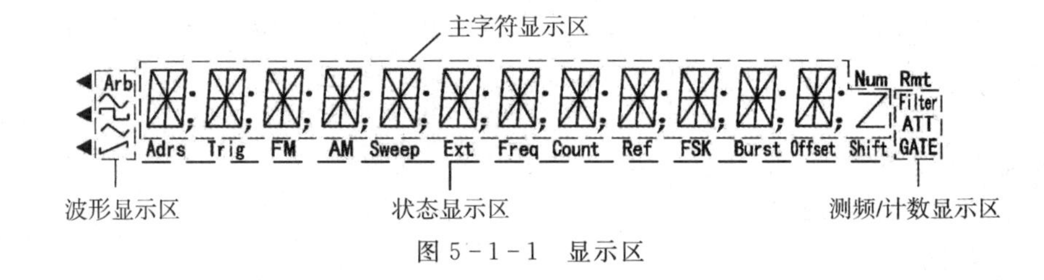

图 5-1-1 显示区

表 5-1-1 显示区功能

显示区	符号	功能	显示区	符号	功能
波形显示区		主波形/载波为正弦波形	状态显示区	FM	调频功能模式
		主波形/载波为方波或脉冲波形		Sweep	扫描功能模式
		点频波形为三角波形		Ext	外信号输入状态
		点频波形为升锯齿波形		Freq+Ext	测频功能模式
	Arb	点频波形为存储波形		Count+Ext	计数功能模式
测频/计数显示区	Filter	测频时处于低通状态		Ref+Ext	外基准输入状态
	ATT	测频时处于衰减状态		FSK	频移功能模式
	GATE	测频计数时闸门开启		Burst	猝发功能模式
状态显示区	Adrs+Rmt	仪器处于远程状态		Offset	输出信号直流偏移不为 0
	Trig	等待单次触发或外部触发		Shift	【Shift】键按下
	AM	调幅功能模式		Z	频率单位 Hz 的组成部分

2. 前面板图

F40 前面板参考图如图 5-1-2 所示。其各数字键、功能键及其它键功能如表 5-1-2、表 5-1-3、表 5-1-4 所示。

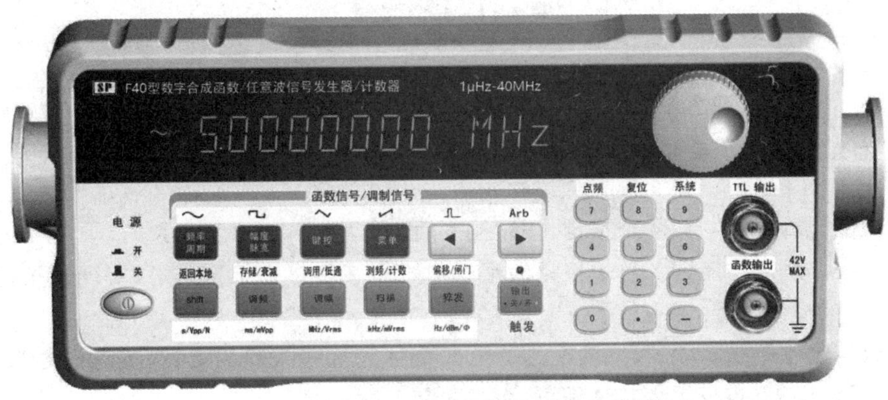

图 5-1-2　F40 前面板参考图(不带 B 路模块)

表 5-1-2　数字输入键

键名	主功能	第二功能	键名	主功能	第二功能
0	输入数字 0	无	7	输入数字 7	进入点频
1	输入数字 1	无	8	输入数字 8	进入复位
2	输入数字 2	无	9	输入数字 9	进入系统
3	输入数字 3	无	●	输入小数点	无
4	输入数字 4	无	—	输入负号	无
5	输入数字 5	无	◀	闪烁数字左移 *	选择脉冲波
6	输入数字 6	无	▶	闪烁数字右移 **	选择任意波

注：* :输入数字未输入单位时，按下此键，删除当前数字的最低位数字，可用来修改当前输错的数字。

* :外计数时，按下此键，计数停止，并显示当前计数值，再揿动一次，继续计数。

** :外计数时，按下此键，计数清零，重新开始计数。

表 5-1-3　功能键

键名	主功能	第二功能	计数第二功能	单位
频率/周期	频率选择	正弦波选择	无	无
幅度/脉宽	幅度选择	方波选择	无	无
键控	键控功能	三角波选择	无	无
菜单	菜单选择	升锯齿波选择	无	无
调频	调频功能选择	存储功能选择	衰减选择	ms/mV(峰峰值)
调幅	调幅功能选择	调用功能选择	低通选择	MHz/V(有效值)
扫描	扫描功能选择	测频功能选择	测频/计数选择	kHz/mV(有效值)
猝发	猝发功能选择	直流偏移选择	闸门选择	Hz/dB(以 1 mW 为参考功率)

表 5-1-4 其它键

键名	主功能	其它
输出	信号输出与关闭切换	扫描功能和猝发功能的单次触发
Shift	和其它键一起实现第二功能远程时退出远程	单位 s/V(峰峰值)/N

按键功能:前面板共有 24 个按键,按键按下后,会用响声"嘀"来提示。

大多数按键是多功能键。每个按键的基本功能用文字标在该按键上,实现某按键基本功能,只须按下该按键即可。

大多数按键有第二功能,第二功能用蓝色文字标在这些按键的上方,实现按键第二功能,只须先按下【Shift】键再按下该按键即可。

少部分按键还可作单位键,单位用黑色标在这些按键的下方。要实现按键的单位功能,只要先按下数字键,接着再按下该按键即可。

【Shift】键:基本功能作为其它键的第二功能复用键,按下该键后,"Shift"标志亮,此时按其它键则实现第二功能;再按一次该键则该标志灭,此时按其它键则实现基本功能;还用作"s/Vpp/N"单位,分别表示时间的单位"s"、幅度的峰峰值单位"V"和其它不确定的单位。在远程时,按下该键退出远程控制状态。

【0】【1】【2】【3】【4】【5】【6】【7】【8】【9】【●】【—】键:数据输入键。其中【7】【8】【9】与【Shift】键复合使用还具有第二功能。

【◁】【▷】键:基本功能是数字闪烁位左右移动键,第二功能是选择"脉冲"波形和"任意"波形。在计数功能下还作为"计数停止"和"计数清零"功能。

【频率/周期】键:频率的选择键。当前如果显示的是频率,再按下一次该键,则表示输入和显示改为周期。第二功能是选择"正弦"波形。

【幅度/脉宽】键:幅度的选择键。如果当前显示的是幅度且当前波形为"脉冲"波,再按一次该键表示输入和显示改为脉冲波的脉宽。第二功能是选择"方波"波形。

【键控】键:FSK 功能模式选择键。当前如果是 FSK 功能模式,再按一次该键,则进入 PSK 功能模式;当前不是 FSK 功能模式,按一次该键,则进入 FSK 功能模式。第二功能是选择"三角波"波形。

【菜单】键:菜单键,进入 FSK、PSK、调频、调幅、扫描、猝发和系统功能模式时,可通过【菜单】键选择各功能的不同选项,并改变相应选项的参数。在选择点频功能且当前处于幅度时可用【菜单】键进行峰峰值、有效值和 dB(以 1 mW 为参考功率)数值的转换。第二功能是选择"升锯齿"波形。当前显示为幅度值时,按下该键则当前幅度值自动在峰峰值、有效值、dB(以 1 mW为参考功率)之间进行转换并显示。

【调频】键:调频功能选择键,第二功能是储存选择键。它还用作"ms/mV(峰峰值)"单位,分别表示时间的单位"ms"、幅度的峰峰值单位"mV"。在"测频"功能下作"衰减"选择键。

【调幅】键:调幅功能模式选择键,第二功能是调用选择键。它还用作"MHz/Vrms"单位,分别表示频率的单位"MHz"、幅度的有效值单位"Vrms"。在"测频"功能下作"低通"选择键。

【扫描】键:扫描功能模式选择键,第二功能是测频计数功能选择键。它还用作"kHz/mVrms"单位,分别表示频率的单位"kHz"、幅度的有效值单位"mVrms"。在"测频计数器"功能下和【Shift】键一起作"计数"和"测频"功能选择键,当前如果是测频,则选择计数;当前如果是计数则选择测频。

【猝发】键：猝发功能模式选择键，第二功能是直流偏移选择键。它还用作“Hz/dBm”单位，分别表示频率的单位“Hz”、幅度的单位“dBm”。在“测频”功能下作“闸门”选择键。

【输出】键：信号输出控制键。如果不希望信号输出，可按【输出】键禁止信号输出，此时输出信号指示灯灭；如果要求输出信号，则再按一次【输出】键即可，此时输出信号指示灯亮。默认状态为输出信号，输出信号指示灯亮。在“猝发”功能模式和“扫描”功能模式的单次触发时作“单次触发”键，此时输出信号指示灯亮。

5.1.3　常用功能使用说明

1. 测试前的准备工作

先仔细检查电源电压是否符合本仪器的电压工作范围，确认无误后方可将电源线插入本仪器后面板的电源插座内。仔细检查测试系统电源情况，保证系统接地良好，仪器外壳和所有的外露金属均已接地。在与其它仪器相连时，各仪器间应无电位差。

2. 函数信号输出使用说明

(1)仪器启动：按下面板上的电源按键，电源接通。先闪烁显示“WELCOME”2 s，再闪烁显示仪器型号，例如“F220 DDS”1 s。之后根据系统功能中开机状态设置，进入“点频”功能状态，波形显示区显示当前波形“ ～ ”，频率为 10.00000000 kHz；或者进入上次关机前的状态。

(2)数据输入：数据输入有以下两种方式。

①数据键输入：十个数字键用来向显示区写入数据。写入方式为自左到右写入，已经输入当前允许输入数字位数后则不允许输入新的数字。【•】用来输入小数点，如果数据区中已经有小数点，按此键不起作用。【—】用来输入负号，如果数据区中已经有负号，再按此键则取消负号。使用数据键只是把数据写入显示区，这时数据并没有生效，所以如果写入有错，可以按当前功能键，然后重新写入，对仪器输出信号没有影响。等到确认输入数据完全正确之后，按一次单位键，这时数据开始生效，仪器将根据显示区数据输出信号。数据的输入可以使用小数点和单位键任意搭配，仪器将会按照统一的形式将数据显示出来。

当输入数字出错时，可用【◁】键来删除当前最低位数字。

注意：用数字键输入数据必须输入单位，否则输入数值不起作用。

②调节旋钮输入：调节旋钮可以对信号进行连续调节。按位移键【◁】【▷】使当前闪烁的数字左移或右移，这时顺时针转动旋钮，可使正在闪烁的数字连续加一，并能向高位进位。逆时针转动旋钮，可使正在闪烁的数字连续减一，并能向高位借位。使用旋钮输入数据时，数字改变后立即生效，不用再按单位键。闪烁的数字向左移动，可以对数据进行粗调，向右移动则可以进行细调。

当不需要使用旋钮时，可以用位移键【◁】【▷】使闪烁的数字消失，旋钮的转动就不再有效。

(3)功能选择：仪器开机后出厂设置为“点频”功能模式，输出单一频率的波形，按“调制”“调幅”“扫描”“猝发”“点频”“FSK”和“PSK”可以分别实现 7 种功能模式。

点频功能模式指的是输出一些基本波形。如正弦波、方波、三角波、升锯齿波、降锯齿波和噪声等 27 种波形。对大多数波形可以设定频率、幅度和直流偏移。在其它功能时，可先按下【Shift】键，再按下【点频】键来进入点频功能。

从点频转到其它功能，点频设置的参数就作为载波的参数；同样，在其它功能中设置载波的参数，转到点频后就作为点频的参数。例如，从点频转到调频，则点频中设置的参数就作为调频中载波的参数；从调频转到点频，则调频中设置的载波参数就作为点频中的参数。除点频功能模式外的其它功能模式中基本信号或载波的波形只能选择正弦波和方波两种。

(4)频率设定：按【频率】键，显示出当前频率值。可用数据键或调节旋钮输入频率值，这时仪器输出端口即有该频率的信号输出。

点频频率设置范围与不同波形有关，详见技术指标。

例：设定频率值 5.8 kHz，按键顺序如下：【频率】【5】【•】【8】【kHz】（可以用调节旋钮输入）或者【频率】【5】【8】【0】【0】【Hz】（可以用调节旋钮输入），显示区都显示 5.80000000 kHz。

(5)周期设定：信号的频率也可以用周期值的形式进行显示和输入。如果当前显示为频率，再按【频率/周期】键，显示出当前周期值，可用数据键或调节旋钮输入周期值。

例：设定周期值 10 ms，按键顺序如下：【周期】【1】【0】【ms】（可以用调节旋钮输入）。

如果当前显示为周期，再按【频率/周期】键，可以显示出当前频率值；如果当前显示的既不是频率也不是周期，按【频率/周期】键，显示出当前点频频率值。

(6)幅度设定：按【幅度】键，显示出当前幅度值。可用数据键或调节旋钮输入幅度值，这时仪器输出端口即有该幅度的信号输出。

例：设定幅度值峰峰值 4.6 V，按键顺序如下：【幅度】【4】【•】【6】【Vpp】（可以用调节旋钮输入）。

对于“正弦”“方波”“三角”“升锯齿”和“降锯齿”波形，幅度值的输入和显示有三种格式：峰峰值 Vp-p、有效值 Vrms 和 dBm 值，可以用不同的单位输入。对于其它波形只能输入和显示峰峰值 Vp-p 或直流数值（直流数值也用单位 Vpp 和 mVpp 输入）。

(7)直流偏移设定：按【Shift】键后再按【偏移】键，显示出当前直流偏移值，如果当前输出波形直流偏移不为 0，此时状态显示区显示直流偏移标志“Offset”。可用数据键或调节旋钮输入直流偏移值，这时仪器输出端口即有该直流偏移的信号输出。

例：设定直流偏移值−1.6 V，按键顺序如下：

【Shift】【偏移】【—】【1】【•】【6】【Vpp】（可以用调节旋钮输入）或者【Shift】【偏移】【1】【•】【6】【—】【Vpp】（可以用调节旋钮输入）。

零点调整：对输出信号进行零点调整时，使用调节旋钮调整直流偏移要比使用数据键方便，直流偏移在经过零点时正负号能够自动变化。

幅度和直流的输入范围满足公式：$|U_{offset}| + U_{pp}/2 \leqslant U_{max}$。其中 U_{pp} 为幅度的峰峰值，$|U_{offset}|$ 为直流偏移的绝对值，U_{max} 高阻时为 10 V，50 Ω 负载时为 5 V。高阻时幅度峰峰值和直流偏移绝对值的对应取值关系如表 5-1-5 所示。

表 5-1-5　高阻时幅度峰峰值和直流偏移绝对值的取值对应关系

交流信号峰峰值	直流偏移绝对值
1.001～20.00 V	0～10 V$-U_{pp}/2$
316.1 mV～1.000 V	0～2.000 V
100.1～316.0 mV	0～632.9 mV
31.0～100.0 mV	0～200.9 mV
2.000～31.00 mV	0～62.99 mV

(8)输出波形选择:常用波形选择和其他波形选择。

①常用波形的选择:按下【Shift】键后再按下波形键,可以选择正弦波、方波、三角波、升锯齿波、脉冲波五种常用波形,同时波形显示区显示相应的波形符号。常用波形的选择也可用表 5-1-3 所列方法。

例:选择方波,按键顺序如下:【Shift】【方波】。

②一般波形的选择:先按下【Shift】键再按下【Arb】键,显示区显示当前波形的编号和波形名称。如"6:NOISE"表示当前波形为噪声。然后用数字键或调节旋钮输入波形编号来选择波形。如果输入常用波形的编号,则波形显示区显示这些常用波形的相应的波形符号。如果当前波形为存储波形,波形显示区显示存储波形的波形符号"Arb"。

例:选择直流,按键顺序如下:【Shift】【Arb】【1】【0】【N】(可以用调节旋钮输入)。

除点频功能模式外的其它功能模式中基本信号或载波的波形只能选择正弦波和方波两种。

(9)占空比调整:当前波形为脉冲波时,如果显示区显示的是幅度值,再按一次【脉宽】后显示出脉宽值。如果显示区显示既不是幅度值,也不是脉宽值,则连续按两次【脉宽】显示区显示脉宽值。如果当前波形不是脉冲波,则该键只作幅度输入键使用。显示区显示脉宽值时,用数字键或调节旋钮输入脉宽值,可以对脉冲波占空比进行调整。调整范围:频率不大于 10 kHz 时为 0.1%~99.9%,此时分辨率高达 0.1%;频率为 10~100 kHz 时为 1%~99%,此时分辨率为 1%。

例:输入占空比值 60.5%,按键顺序如下:【脉宽】【6】【0】【•】【5】【N】(可以用调节旋钮输入)。

信号输出与关闭:按【输出】键禁止信号输出,此时输出信号指示灯灭。设定好信号的波形、频率、幅度,再按一次【输出】键信号开始输出,此时输出信号指示灯亮。【输出】键可以在信号输出和关闭之间进行切换。输出信号指示灯也相应以亮(输出)和灭(关闭)进行指示。这样可以对信号输出与关闭进行控制。

(10)信号的存储与调用功能:可以存储信号的频率值、幅度值、波形、直流偏移值、功能状态。该功能共可以存储 10 组信号,编号为 1 ~ 10。在需要的时候可以进行调用。信号的存储使用永久存储器,关断电源存储信号也不会丢失。可以把经常使用的信号存储起来,随时都可以调出来使用。调用信号可以进行参数修改,修改后还可以重新存储。

注意:使用存储功能,首先必须在系统功能里把存储功能开关打开。

关机前状态仪器自动存储在 0 号单元,因此可以调用 11 组信号,编号为 0 ~ 10。

例:要将当前正在输出的信号存储在第 1 个存储单元,按键顺序如下:【Shift】【存储】【1】【N】。此时显示区显示提示符和当前存储单元序号"STORE:1"。

如果原来第 1 个存储单元中已经存储了信号,则通过上述存储操作后,原来的信号被新信号取代。

例:要将第 1 组存储单元的信号调用作为当前输出信号,按键顺序如下:【Shift】【调用】【1】【N】。此时显示区显示提示符和当前存储单元序号"RECALL:1"。在调用功能状态下,可用调节旋钮输入序号值,不需要输入单位,就可以连续调用存储信号。

下面各功能介绍中,【】中的英文符号为相应选项的显示符号。如:扫描模式【MODE】,【】中 MODE 就是扫描模式的显示符号。按【菜单】键,当显示区闪烁显示 MODE 时表示当前选项为扫描模式。

3. 计数器使用说明

计数器可以进入测频和计数功能模式。

(1)按【Shift】键和【测频】键，进入频率测量功能模式。此时显示区下端功能状态显示区显示频率测量功能模式标志"Ext"和"Freq"。可以对从后面板"测频/计数输入"端口外部输入信号的频率进行测量。若再按【Shift】键和【计数】键，则当前处于计数测量功能模式。此时显示区下端功能状态显示区显示计数测量功能模式标志"Ext"和"Count"。可以对从后面板"测频/计数输入"端口外部输入信号的周期个数进行计数。测量频率范围为 1 Hz～100 MHz。

(2)闸门时间：在测频功能模式下，按【Shift】键和【闸门】键进入闸门时间设置状态，可用数据键或调节旋钮输入闸门时间值。在闸门开启时，显示区右侧频率计数状态显示区显示闸门开启标志"GATE"。闸门时间范围为 10 ms～10 s。

(3)低通：在频率计数器功能模式下，按【Shift】键和【低通】键设置当前输入信号经过低通进行测量。显示区右侧频率计数状态显示区显示低通状态标志"Filter"。

(4)衰减：在频率计数器功能模式下，按【Shift】键和【衰减】键设置当前输入信号经过衰减进行测量。显示区右侧频率计数状态显示区显示衰减状态标志"ATT"。

在计数功能模式下，按【◀】键后计数停止，并显示当前计数值；再按一次【◀】键，计数继续进行。

在计数功能模式下，按【▶】键后把计数值清零并重新开始计数。

5.2 DS1052E 型数字示波器使用说明

DS1052E 型示波器向用户提供了简单而功能明晰的前面板，以进行所有的基本操作。为加速调整，便于测量，用户可直接按 AUTO 键，立即获得适合的波形显现和档位设置。除易于使用之外，示波器还具有更快完成测量任务所需要的高性能指标和强大功能。通过 1 GSa/s 的实时采样和 25 GSa/s 的等效采样，可在示波器上观察更快的信号。强大的触发和分析能力使其易于捕获和分析波形。清晰的液晶显示和数学运算功能，便于用户更快、更清晰地观察和分析信号问题。

5.2.1 常用技术指标

DS1052E 型示波器常用技术指标如下。

(1)双模拟通道，每通道带宽：50 MHz。

(2)高清晰彩色液晶显示系统：320×234 分辨率。

(3)支持即插即用闪存式 USB 存储设备以及 USB 接口打印机，并可通过 USB 存储设备进行软件升级。

(4)模拟通道的波形亮度可调。

(5)自动波形、状态设置(AUTO)。

(6)波形、设置、CSV 和位图文件存储以及波形和设置再现。

(7)精细的延迟扫描功能，轻易兼顾波形细节与概貌。

(8)自动测量 20 种波形参数。

(9)自动光标跟踪测量功能。

(10)独特的波形录制和回放功能。

(11)内嵌 FFT。

(12)实用的数字滤波器,包含 LPF、HPF、BPF、BRF。

(13)Pass/Fail 检测功能,光电隔离的 Pass/Fail 输出端口。

(14)多重波形数学运算功能。

(15)可变触发灵敏度。

(16)多国语言菜单显示。

(17)弹出式菜单显示。

(18)中英文帮助信息显示及支持中英文输入。

5.2.2　初步操作说明

DS1052E 示波器显示屏右侧的一列 5 个灰色按键为菜单操作键(自上而下定义为 1 号至 5 号)。通过它们,可以设置当前菜单的不同选项;其它按键为功能键,通过它们,可以进入不同的功能菜单或直接获得特定的功能应用。

1. DS1052E 前面板控制件位置图及功能

DS1052E 前面板控制件位置图及显示界面说明如图 5-2-1、图 5-2-2、图 5-2-3 所示。

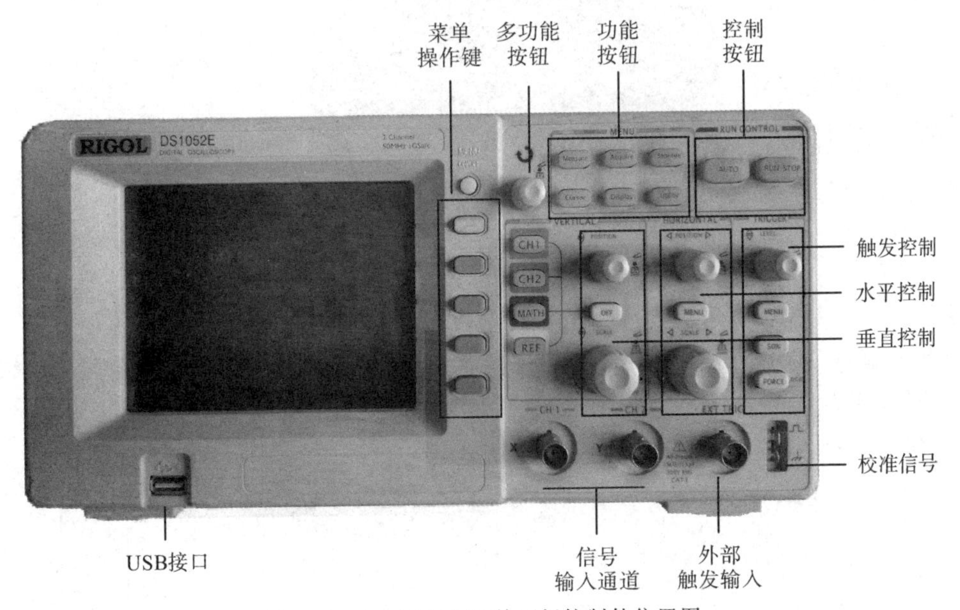

图 5-2-1　DS1052E 前面板控制件位置图

2. 探头补偿

在首次将探头与任一输入通道连接时,进行此项调节,使探头与输入通道相配。未经补偿或补偿偏差的探头会导致测量误差或错误。若调整探头补偿,请按如下步骤。

(1)将探头菜单衰减系数设定为 10×,将探头上的开关设定为 10×,并将示波器探头与通

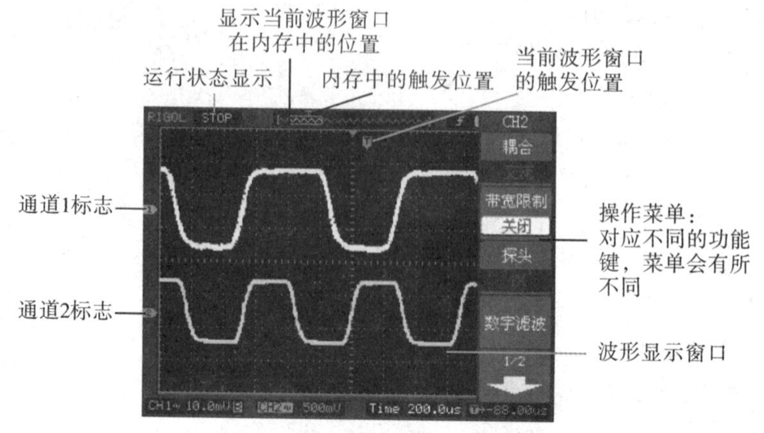

图 5-2-2　显示界面说明(仅模拟通道打开)

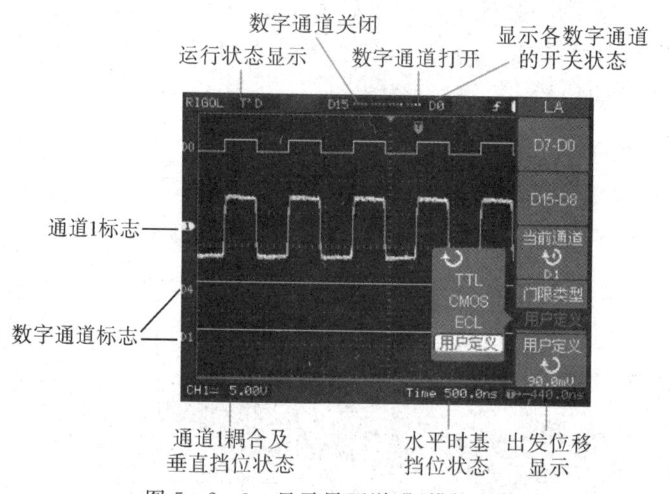

图 5-2-3　显示界面说明(模拟和数字通道同时打开)

道 1 连接。如使用探头钩形头，应确保与探头接触紧密。

将探头端部与探头补偿器的信号输出连接器相连，基准导线夹与探头补偿器的地线连接器相连，打开通道 1，然后按 AUTO 按键。

(2)检查所显示波形的形状。

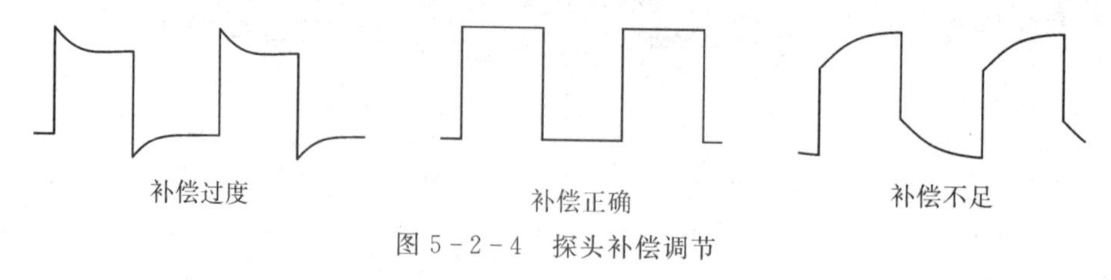

图 5-2-4　探头补偿调节

(3)如必要，用非金属质地的改锥调整探头上的可变电容，直到屏幕显示的波形如上图“补偿正确”。

(4)必要时，重复以上步骤。

3. 波形显示的自动设置

DS1052E 型数字示波器具有自动设置的功能。根据输入的信号，可自动调整电压倍率、时基以及触发方式至最好形态显示。应用自动设置要求被测信号的频率大于或等于 50 Hz，占空比大于 1%。

使用自动设置：

(1)将被测信号连接到信号输入通道；

(2)按下 AUTO 按键。

示波器将自动设置垂直、水平和触发控制。如需要，可手工调整这些控制使波形显示达到最佳。

4. 垂直系统

垂直控制区(VERTICAL)如图 5-2-5 所示。

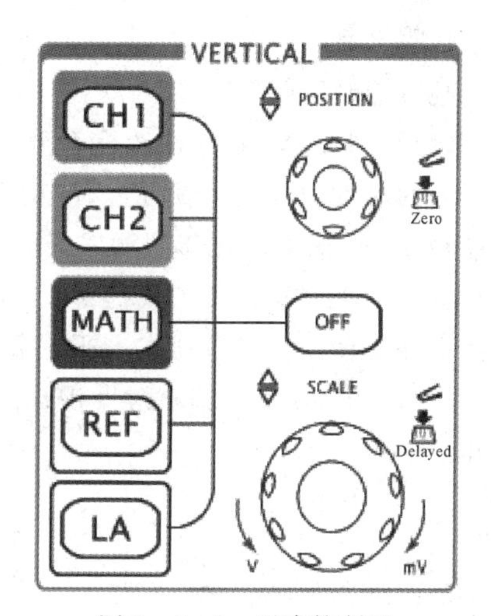

图 5-2-5　垂直控制区

(1)垂直旋钮 POSITION 控制信号的垂直显示位置。当转动垂直旋钮 POSITION 时，指示通道地(GROUND)的标识跟随波形而上下移动。

测量技巧：如果通道耦合方式为 DC，可以通过观察波形与信号地之间的差距来快速测量信号的直流分量。如果耦合方式为 AC，信号里面的直流分量被滤除。这种方式可以以更高的灵敏度显示信号的交流分量。

双模拟通道垂直位置恢复到零点快捷键：旋动垂直旋钮 POSITION 不但可以改变通道的垂直显示位置，还可以通过按下该旋钮作为设置通道垂直显示位置恢复到零点的快捷键。

(2)改变垂直设置，并观察因此导致的状态信息变化。

可以通过波形窗口下方的状态栏显示的信息，确定任何垂直挡位的变化。转动垂直旋钮 SCALE 改变“Volt/div(伏/格)”垂直挡位，可以发现状态栏对应通道的挡位显示发生了相应的变化。按 CH1、CH2、MATH、RE 按键，屏幕显示对应通道的操作菜单、标志、波形和挡位状态信息。按“OFF”按键关闭当前选择的通道。

Coarse/Fine(粗调/微调)快捷键：可通过按下垂直 SCALE 旋钮作为设置输入通道的粗调/微调状态的快捷键，然后调节该旋钮即可调节粗调/微调垂直挡位。

5. 水平系统

水平控制区(HORIZONTAL)如图 5-2-6 所示。

(1)使用水平旋钮 SCALE 改变水平挡位设置，并观察因此导致的状态信息变化。

转动水平旋钮 SCALE 改变“s/div(秒/格)”水平挡位，可以发现状态栏对应通道的挡位显示发生了相应的变化。水平扫描速度从 5 ns 至 50 s，以 1—2—5 的形式步进。

Delayed(延迟扫描)快捷键：水平旋钮不但可以通过转动调整“s/div(秒/格)”，还可以按下切换到延迟扫描状态。

(2)使用水平 POSITION 旋钮调整信号在波形窗口的水平位置。

水平 POSITION 旋钮控制信号的触发位移。当应用于触发位移时，转动水平 POSITION 旋钮，可以观察到波形随旋钮而水平移动。

触发点位移恢复到水平零点快捷键：水平 POSITION 旋钮不但可以通过转动调整信号在波形窗口的水平位置，还可以按下该键使触发位移（或延迟扫描位移）恢复到水平零点处。

(3)按 MENU 按键，显示 TIME 菜单。在此菜单下，可以开启/关闭延迟扫描或切换 Y－T、X－Y 和 ROLL 模式，还可以设置水平触发位移复位。

★名词解释

触发位移：指实际触发点相对于存储器中点的位置。转动水平 POSITION 旋钮，可水平移动触发点。

6. 触发系统

触发控制区（TRIGGER）如图 5－2－7 所示。

(1)使用 LEVEL 旋钮改变触发电平设置。转动 LEVEL 旋钮，可以发现屏幕上出现一条橘红色的触发线以及触发标志，随旋钮转动而上下移动。停止转动旋钮，此触发线和触发标志会在约 5 s 后消失。在移动触发线的同时，可以观察到在屏幕上触发电平的数值发生了变化。

触发电平恢复到零点快捷键：旋动垂直 LEVEL 旋钮不但可以改变触发电平值，更可以通过按下该旋钮作为设置触发电平恢复到零点的快捷键。

(2)使用 MENU 调出触发操作菜单（图 5－2－8），改变触发的设置，观察由此造成的状态变化。

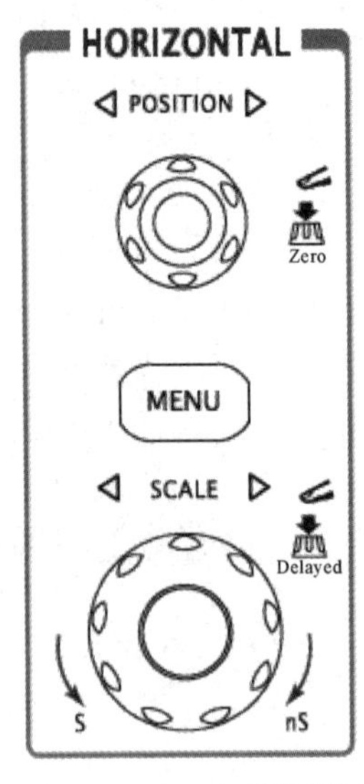

图 5－2－6　水平控制区

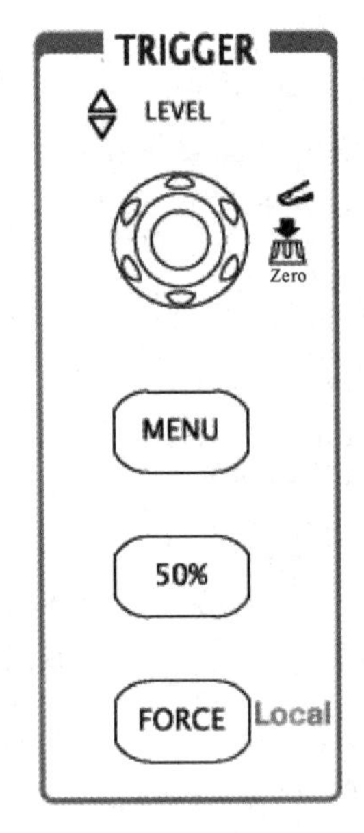

图 5－2－7　触发控制区

图 5－2－8　触发操作菜单

按 1 号菜单操作按键，选择边沿触发。

按 2 号菜单操作按键，选择“信源选择”为 CH1。

按 3 号菜单操作按键，设置“边沿类型”为上升沿。

按 4 号菜单操作按键，设置“触发方式”为自动。

按5号菜单操作按键,进入“触发设置”二级菜单,对触发的耦合方式,触发灵敏度和触发释抑时间进行设置。

注:改变前三项的设置会导致屏幕右上角状态栏的变化。

(3)按50% 按键,设定触发电平在触发信号幅值的垂直中点。

(4)按FORCE按键,强制产生一触发信号,主要应用于触发方式中的“普通”和“单次”模式。

★名词解释

触发释抑:指重新启动触发电路的时间间隔。旋动多功能旋钮(↻),可设置触发释抑时间。

5.2.3 示波器的高级操作说明(指南)

1. 设置垂直系统

(1)通道的设置。

每个通道都有独立的垂直菜单,每个项目都按不同的通道单独设置。按CH1或CH2功能按键,系统显示CH1或CH2通道的操作菜单,说明如表5-2-1及图5-2-9所示。

表5-2-1 通道设置菜单

功能菜单	设定	说明
耦合	交流 直流 接地	阻挡输入信号的直流成分 通过输入信号的交流和直流成分 断开输入信号
带宽限制	打开 关闭	限制带宽至20 MHz,以减少显示噪音 满带宽
探头	1× 5× 10× 50× 100× 500× 1000×	根据探头衰减因数选取其中一个值,以保持垂直标尺读数准确
数字滤波	/	设置数字滤波(见表5-2-3)
⬇ (下一页)	1/2	进入下一页菜单(以下均同,不再说明)
⬆ (上一页)	2/2	返回上一页菜单(以下均同,不再说明)
挡位调节	粗调 微调	粗调按1—2—5进制设定垂直灵敏度 微调则在粗调设置范围之间进一步细分,以改善垂直分辨率
反相	打开 关闭	打开波形反相功能 波形正常显示

①设置通道耦合。

以 CH1 通道为例,被测信号是一含有直流偏置的正弦信号。按 CH1→耦合→交流 ,设置为交流耦合方式。被测信号含有的直流分量被阻隔。波形显示如图 5-2-9 所示。

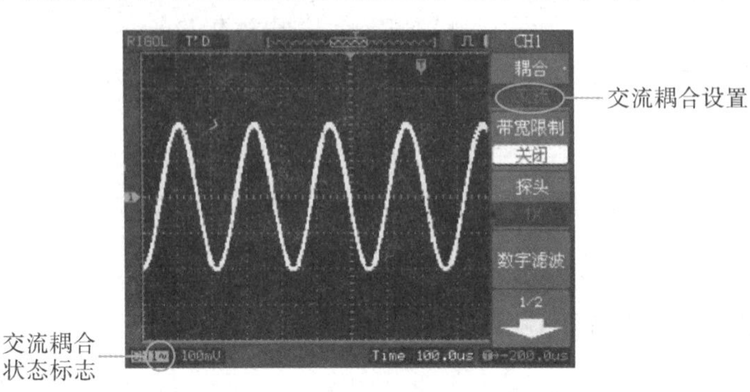

图 5-2-9　交流耦合设置

按 CH1→耦合→直流,设置为直流耦合方式。被测信号含有的直流分量和交流分量都可以通过。波形显示含有直流成分。

按 CH1→耦合→接地 ,设置为接地方式。被测信号含有的直流分量和交流分量都被阻隔。没有波形显示。

②设置通道带宽限制。

以 CH1 通道为例,被测含有高频振荡的脉冲信号。按 CH1→带宽限制→关闭 ,设置带宽限制为关闭状态。被测信号含有的高频分量可以通过。波形显示如图 5-2-10 所示。

按 CH1→带宽限制→打开,设置带宽限制为打开状态。被测信号含有的大于 20 MHz 的高频分量被阻隔。波形显示如图 5-2-11 所示。

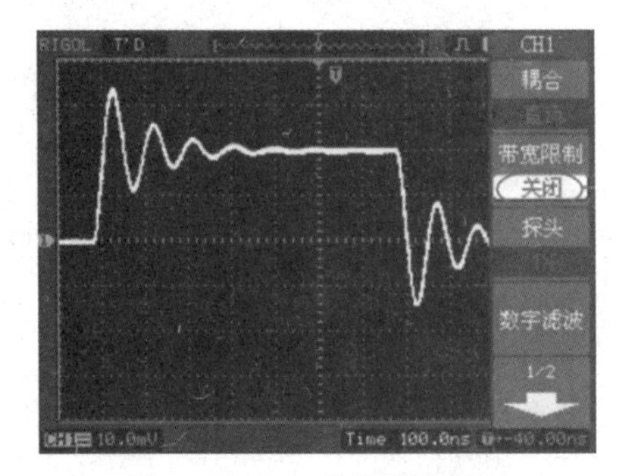

图 5-2-10　关闭带宽限制

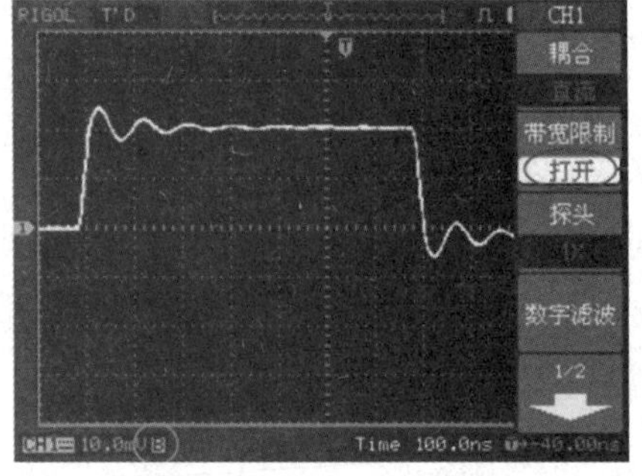

图 5-2-11　打开带宽限制

③调节探头比例。

为了配合探头的衰减系数,需要在通道操作菜单中相应调整探头衰减比例系数。如探头衰减系数为 10∶1,示波器输入通道的比例也应设置成 10× ,以避免显示的挡位信息和测量的数据发生错误。

表 5-2-2　探头衰减系数菜单

探头衰减系数	对应菜单设置
1 : 1	1 ×
5 : 1	5 ×
10 : 1	10 ×
50 : 1	50 ×
100 : 1	100 ×
500 : 1	500 ×
1000 : 1	1000 ×

④挡位调节设置。

垂直挡位调节分为粗调和微调两种模式。垂直灵敏度的范围是 2 mV/div～10 V/div(探头比例设置为 1×)。粗调是以 1—2—5 步进方式调整垂直挡位。即以 2 mV/div、5 mV/div、10 mV/div、20 mV/div……10 V/div 方式步进。

微调指在当前垂直挡位范围内进一步调整。如果输入的波形幅度在当前挡位略大于满刻度,而应用下一挡位波形显示幅度稍低,可以应用微调改善波形显示幅度,以利于观察信号细节,如图 5-2-12 所示。

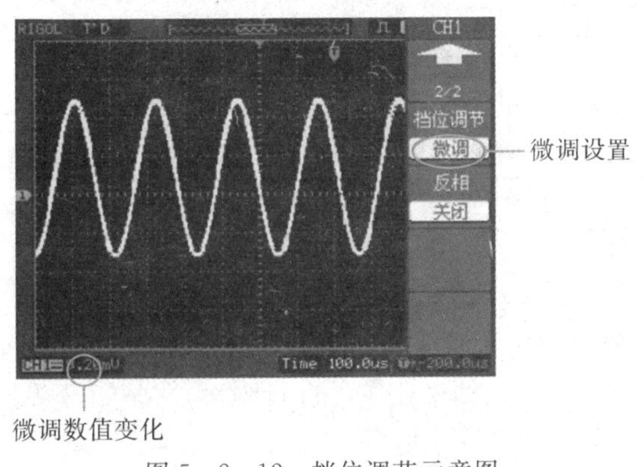

图 5-2-12　挡位调节示意图

★操作技巧:切换粗调/微调不但可以通过此菜单操作,还可以通过按下垂直 SCALE 旋钮作为设置输入通道的粗调/微调状态的快捷键。

⑤波形反相的设置。波形反相:显示的信号相对地电位翻转 180°。

⑥数字滤波。

按 CH1(第一页)→数字滤波,系统显示 FILTER 数字滤波功能菜单,旋动多功能旋钮(↻)设置频率上限和下限,设定滤波器的带宽范围。说明如图 5-2-13 及表 5-2-3 所示。

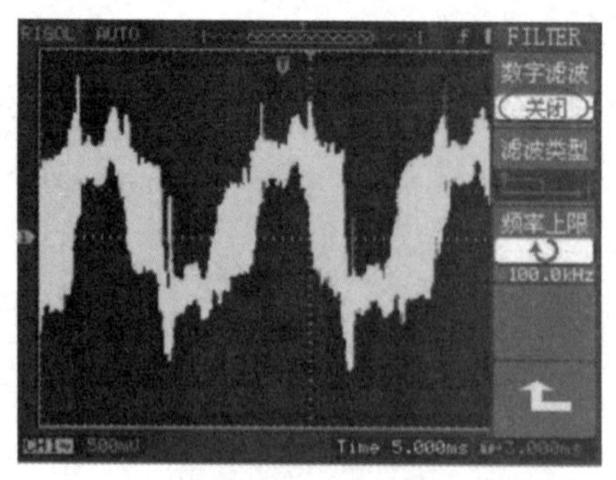

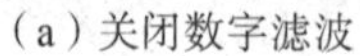
（a）关闭数字滤波

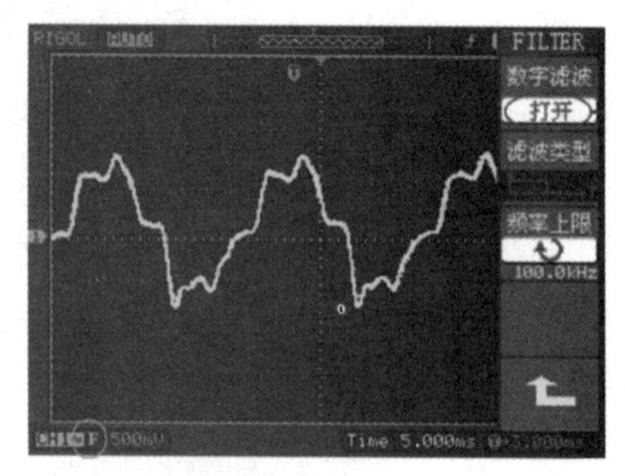

（b）打开数字滤波

图 5－2－13　数字滤波

表 5－2－3　滤波器设置菜单

功能菜单	设定	说明
数字滤波	关闭 打开	关闭数字滤波器 打开数字滤波器
滤波类型	f f f f	设置滤波器为低通滤波 设置滤波器为高通滤波 设置滤波器为带通滤波 设置滤波器为带阻滤波
频率上限	↻＜上限频率＞	多功能旋钮(↻)设置频率上限
频率下限	↻＜下限频率＞	多功能旋钮(↻)设置频率下限
⬑	/	返回上一级菜单(以下均同，不再说明)

(2)数学运算。

数学运算(MATH)功能是显示 CH1、CH2 通道波形相加、相减、相乘以及 FFT 运算的结果。数学运算的结果同样可以通过栅格或游标进行测量，数学运算界面及菜单如图 5－2－14 所示。数学运算菜单说明如表 5－2－4 所示。

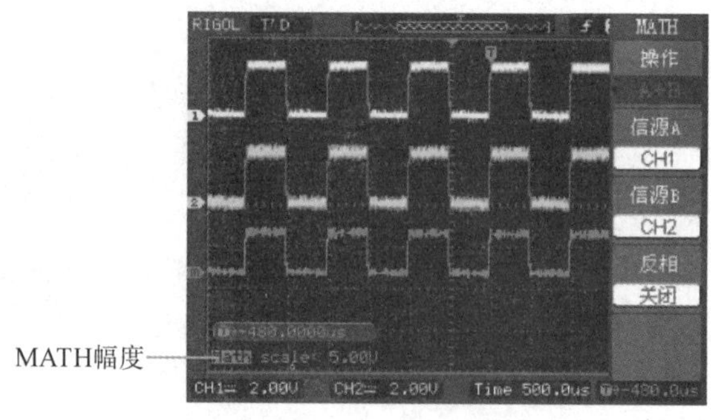

图 5－2－14　数学运算界面

表 5-2-4　数学运算菜单说明

功能菜单	设定	说明
操作	A+B A−B A×B FFT	信源 A 与信源 B 波形相加 信源 A 波形减去信源 B 波形 信源 A 与信源 B 波形相乘 FFT 数学运算
信源 A	CH1 CH2	设定信源 A 为 CH1 通道波形 设定信源 A 为 CH2 通道波形
信源 B	CH1 CH2	设定信源 B 为 CH1 通道波形 设定信源 B 为 CH2 通道波形
反相	打开 关闭	打开数学运算波形反相功能 关闭反相功能

(3)垂直位移和垂直挡位旋钮的应用。

①垂直 POSITION 旋钮调整所有通道波形的垂直位置。

②垂直 POSITION 旋钮调整所有通道波形的垂直分辨率。粗调是以 1—2—5 方式步进确定垂直挡位灵敏度。顺时针增大垂直灵敏度,逆时针减小垂直灵敏度。微调是在当前挡位进一步调节波形显示幅度。同样顺时针增大显示幅度,逆时针减小显示幅度。粗调、微调可通过按垂直 SCALE 旋钮切换。

③需要调整的通道只有处于选中的状态时,垂直 POSITION 和垂直 SCALE 旋钮才能调节此通道。

④调整通道波形的垂直位置时,屏幕左下角显示垂直位置信息。

例:POS:32.4 mV,显示的文字颜色与通道波形的颜色相同,以“V”(伏)为单位。

2. 设置水平系统

(1)水平控制旋钮。

使用水平控制旋钮可改变水平刻度(时基),触发在内存中的水平位置(触发位移)。屏幕水平方向上的中点是波形的时间参考点。改变水平刻度会导致波形相对屏幕中心扩张或收缩。水平位置改变波形相对于触发点的位置。

①水平 POSITION:调整通道波形(包括数学运算)的水平位置。这个控制钮的解析度根据时基而变化,按下此旋钮使触发位置立即回到屏幕中心。

②水平 SCALE:调整主时基或延迟扫描(Delayed)时基,即秒/格(s/div)。当延迟扫描被打开时,将通过改变水平 SCALE 旋钮改变延迟扫描时基而改变窗口宽度。详情请参看延迟扫描(Delayed)的介绍。

③水平控制按键 MENU :显示水平菜单。水平设置菜单及说明如图 5-2-15 和表 5-2-5 所示。

表 5-2-5　水平设置菜单说明

功能菜单	设定	说明
延迟扫描	打开 关闭	进入 Delayed 波形延迟扫描 关闭延迟扫描
时基	Y-T X-Y ROLL	Y-T 方式显示垂直电压与水平时间的相对关系 X-Y 方式在水平轴上显示通道 1 幅值，在垂直轴上显示通道 2 幅值 Roll 方式下示波器从屏幕右侧到左侧滚动更新波形采样点
采样率	/	显示系统采样率
触发位移复位	/	调整触发位置到中心零点

图 5-2-16 是水平设置各个标识的说明。标识说明：

图 5-2-15　水平设置菜单

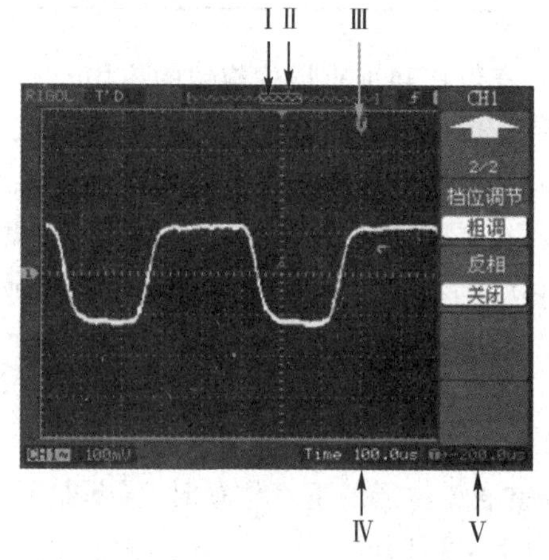

图 5-2-16　水平设置标志说明

Ⅰ：此标识表示当前的波形视窗在内存中的位置。

Ⅱ：标识表示触发点在内存中的位置。

Ⅲ：标识表示触发点在当前波形视窗中的位置。

Ⅳ：水平时基(主时基)显示，即“秒/格”(s/div)。

Ⅴ：触发位置相对于视窗中点的水平距离。

★名词解释

Y-T 方式：此方式下 Y 轴表示电压量，X 轴表示时间量。

X-Y 方式：此方式下 X 轴表示通道 1 为电压量，Y 轴表示通道 2 为电压量。

滚动方式：当仪器进入滚动模式，波形自右向左滚动刷新显示。在滚动模式中，波形水平位移和触发控制不起作用。一旦设置滚动模式，时基控制设定必须在 500 ms/div 或更慢。

慢扫描模式：当水平时基控制设定在 50 ms/div 或更慢，仪器进入慢扫描采样方式。在此方式下，示波器先行采集触发点左侧的数据，然后等待触发，在触发发生后继续完成触发点右侧波形。应用慢扫描模式观察低频信号时，建议将通道耦合设置成直流。

秒/格(s/div)：水平刻度(时基)单位。如波形采样被停止(使用 RUN/STOP 键)，时基控制可扩张或压缩波形。

(2)延迟扫描。

延迟扫描用来放大一段波形,以便查看图像细节。延迟扫描时基设定不能慢于主时基的设定。

在延迟扫描下,分两个显示区域,如图5-2-17所示。上半部分显示的是原波形,未被半透明覆盖的区域是期望被水平扩展的波形部分。此区域可以通过转动水平POSITION旋钮左右移动,或转动水平SCALE旋钮扩大和减小选择区域。下半部分是选定的原波形区域经过水平扩展的波形。值得注意的是,延迟时基相对于主时基提高了分辨率(图5-2-17)。由于整个下半部分显示的波形对应于上半部分选定的区域,因此转动水平SCALE旋钮减小选择区域可以提高延迟时基,即提高了波形的水平扩展倍数。

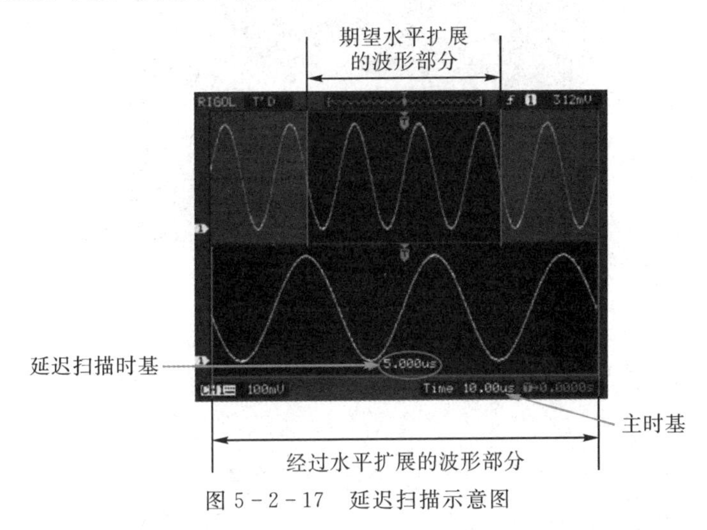

图5-2-17 延迟扫描示意图

★操作技巧:进入延迟扫描不但可以通过水平区域的MENU菜单操作,也可以直接按下此区域的水平SCALE旋钮作为延迟扫描快捷键,切换到延迟扫描状态。

(3)X-Y方式。

此方式只适用于通道1和通道2。选择X-Y显示方式以后,水平轴上显示通道1为电压,垂直轴上显示通道2为电压。X-Y显示方式如图5-2-18所示。

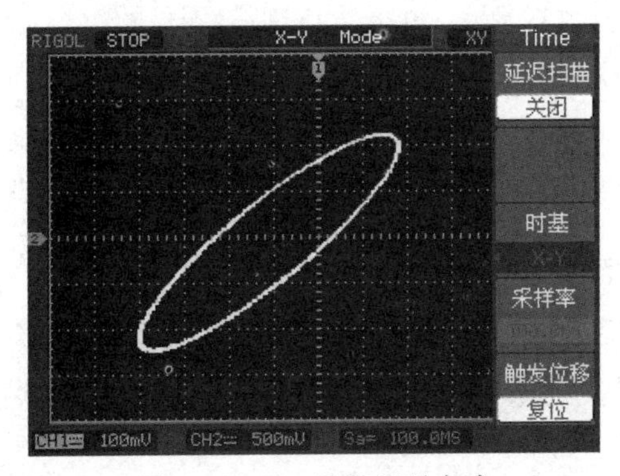

图5-2-18 X-Y显示方式

(4)设置触发系统。

触发决定了示波器何时开始采集数据和显示波形。一旦触发被正确设定,它可以将不稳定的显示转换成有意义的波形。

LEVEL:触发电平设定触发点对应的信号电压,按下此旋钮使触发电平立即回零。

50%:将触发电平设定在触发信号幅值的垂直中点。

FORCE:强制产生一触发信号,主要应用于触发方式中的“普通”和“单次”模式。

MENU:触发设置菜单键(图 5-2-19)。

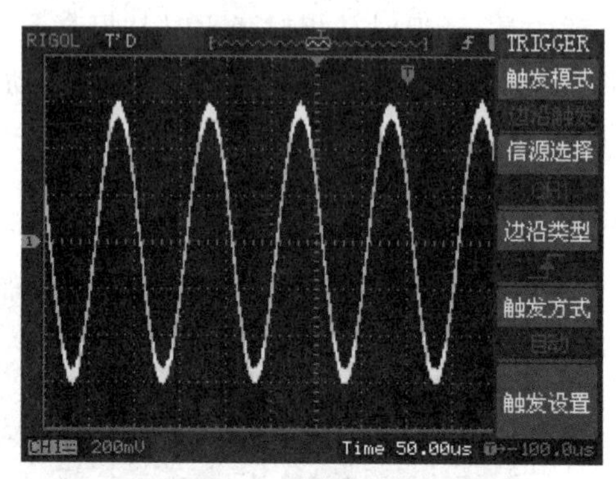

图 5-2-19　触发系统设置界面

①触发控制。

边沿触发:在输入信号边沿的触发阈值上触发。在选取“边沿触发”时,即在输入信号的上升沿、下降沿或上升和下降沿触发。边沿触发菜单说明如表 5-2-6 所示。

表 5-2-6　边沿触发菜单说明

功能菜单	设定	说明
信源选择	CH1 CH2 EXT AC Line	设置通道 1 作为信源触发信号 设置通道 2 作为信源触发信号 设置外触发输入通道作为信源触发信号 设置市电触发
边沿类型	↑ ↓ ↕	设置在信号上升边沿触发 设置在信号下降边沿触发 设置在信号上升沿和下降沿触发
触发方式	自动 普通 单次	设置在没有检测到触发条件下也能采集波形 设置只有满足触发条件时才采集波形 设置当检测到一次触发时采样一个波形,然后停止
触发设置	/	进入触发设置菜单,详细说明见表 5-2-8

脉宽触发:根据脉冲的宽度来确定触发时刻。可以通过设定脉宽条件捕捉异常脉冲。脉宽触发菜单说明如表 5-2-7 所示。

表 5-2-7　脉宽触发菜单说明(第一页)

功能菜单	设定	说明
信源选择	CH1 CH2 EXT	设置通道 1 作为信源触发信号 设置通道 2 作为信源触发信号 设置外触发输入通道作为信源触发信号
脉冲条件	(正脉宽小于) (正脉宽大于) (正脉宽等于) (负脉宽小于) (负脉宽大于) (负脉宽等于)	设置脉冲条件
脉宽设置	↻＜脉冲宽度＞	设置脉冲宽度
触发方式	自动 普通 单次	设置在没有检测到触发条件下也能采集波形 设置只有满足触发条件时才采集波形 设置当检测到一次触发时采样一个波形,然后停止
触发设置	/	进入触发设置菜单,详细说明见表 5-2-8

注意:脉冲宽度调节范围为 20 ns～10 s。在信号满足设定条件时,将触发采样。

交替触发:触发信号来自于两个垂直通道,此方式可用于同时观察两路不相关信号。可在该菜单中为两个垂直通道选择不同的触发类型。

②触发设置。

进入触发设置菜单,可以对触发的相关选项进行设置。针对不同的触发方式,可设置的触发选项有所不同。触发设置菜单说明如表 5-2-8 所示。

表 5-2-8　触发设置菜单说明(可设置触发耦合、灵敏度和触发释抑)

功能菜单	设定	说明
耦合	交流 直流 低频抑制 高频抑制	设置阻止直流分量通过 设置允许所有分量通过 阻止信号的低频部分通过,只允许高频分量通过 阻止信号的高频部分通过,只允许低频分量通过
灵敏度	↻＜灵敏度设置＞	设置触发灵敏度
触发释抑	↻＜触发释抑设置＞	设置可以接受另一触发事件之前的时间量
触发释抑复位	/	设置触发释抑时间为 100 ns

触发释抑:使用触发释抑控制可稳定触发复杂波形(如脉冲系列)。释抑时间是指示波器重新启用触发电路所等待的时间。在释抑期间,示波器不会触发,直至释抑时间结束。例如,一组脉冲系列,要求在该脉冲系列的第一个脉冲触发,则可以将释抑时间设置为脉冲串宽度,如图 5-2-20 所示。

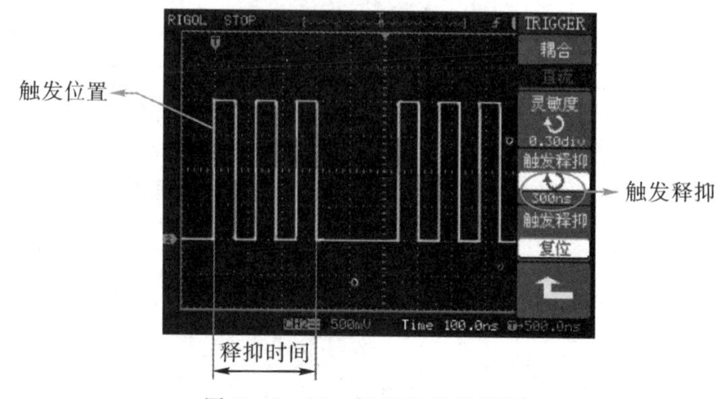

图 5-2-20 触发抑释示意图

5.2.4 名词解释

1. 信源

触发可从多种信源得到，如输入通道(CH1、CH2)、外部触发(EXT)、AC Line(市电)。

输入通道：最常用的触发信源来自输入通道(可任选一个)。被选中作为触发信源的通道，无论其输入是否被显示，都能正常工作。

外部触发：触发信源取自外部触发时，这种触发信源可用于在两个通道上采集数据的同时在第三个通道上触发。例如，可利用外部时钟或待测电路的信号作为触发信源。EXT 触发源都使用连接至 EXT TRIG 接头的外部触发信号。EXT 可直接使用信号，可在信号触发电平范围为－1.2 V～＋1.2 V 时使用 EXT。

AC Line：交流电源。这种触发信源可用来显示信号与动力电，如照明设备和动力提供设备之间的关系。示波器将产生触发，无需人工输入触发信号。在使用交流电源作为触发信源时，触发电平设定为 0 伏，不可调节。

2. 触发方式

决定示波器在无触发事件情况下的行为方式。本示波器提供三种触发方式：自动、普通和单次触发。

自动触发：这种触发方式使得示波器即使在没有检测到触发条件的情况下也能采样波形。当示波器在一定等待时间(该时间可由时基设置决定)内没有触发条件发生时，示波器将进行强制触发。当强制进行无效触发时，示波器虽然显示波形，但不能使波形同步，则显示的波形将不稳定。当有效触发发生时，显示器上的波形是稳定的。可用自动方式来监测幅值电平等可能导致波形显示不稳定的因素，如动力供应输出等。

注意：在扫描波形设定在 50 ms/div 或更慢的时基上时，“自动”方式允许没有触发信号。

普通触发：示波器在普通触发方式下只有当触发条件满足时才能采样到波形。在没有触发时，示波器将显示原有波形而等待触发。

单次触发：在单次触发方式下，用户按一次“运行”按键，示波器等待触发，当示波器检测到一次触发时，采样并显示一个波形，采样停止。

3. 耦合

触发耦合决定信号的何种分量被传送到触发电路。耦合类型包括直流、交流、低频抑制和高频抑制。

直流耦合:是让信号的所有成分通过。

交流耦合:阻挡直流成分并衰减 10 Hz 以下信号。

低频抑制:阻挡直流成分并衰减低于 8 kHz 的低频成分。

高频抑制:衰减超过 150 kHz 的高频成分。

4. 预触发/延迟触发

触发事件以前/后采样的数据。触发位置通常设定在屏幕的水平中心,在全屏显示情况下,可以观察到 6 格的预触发和延迟信息。可以旋转水平 POSITION 旋钮调节波形的水平位移,查看更多的预触发信息,或者最多触发 1 s 后的延迟触发信息。通过观察预触发数据,可以了解触发以前的信号情况。例如,捕捉到电路产生的毛刺,通过观察和分析预触发数据,可能会查出毛刺产生的原因。

5. 可变触发灵敏度

为了排除现实世界信号噪声的影响,得到稳定的触发,触发电路引入了迟滞。DS1052E 型系列示波器,迟滞可调范围是 0.1～1.0 div。即当设置为 1.0 div 时,触发电路对于任何峰-峰幅度≤1.0 div 的信号,不做响应,从而排除噪声的影响。

第 6 章　Multisim 10 软件的使用

Multisim 10 软件是 National Instruments 公司于 2007 年 3 月推出的 NI Circuit Design Suit 10 中的一个重要组成部分，它可以实现原理图的捕获、电路分析、电路仿真、仿真仪器测试、射频分析、单片机等高级应用。其数量众多的元件数据库、标准化的仿真仪器、直观的捕获界面、简洁明了的操作、强大的分析测试、可信的测试结果，为众多电子爱好者及电子工程设计人员缩短电路调试及设计研发时间、强化电路实验学习立下了汗马功劳。

6.1　界面介绍

启动 Multisim 10 软件，其主界面及主界面各功能如图 6-1-1 及表 6-1-1 所示。

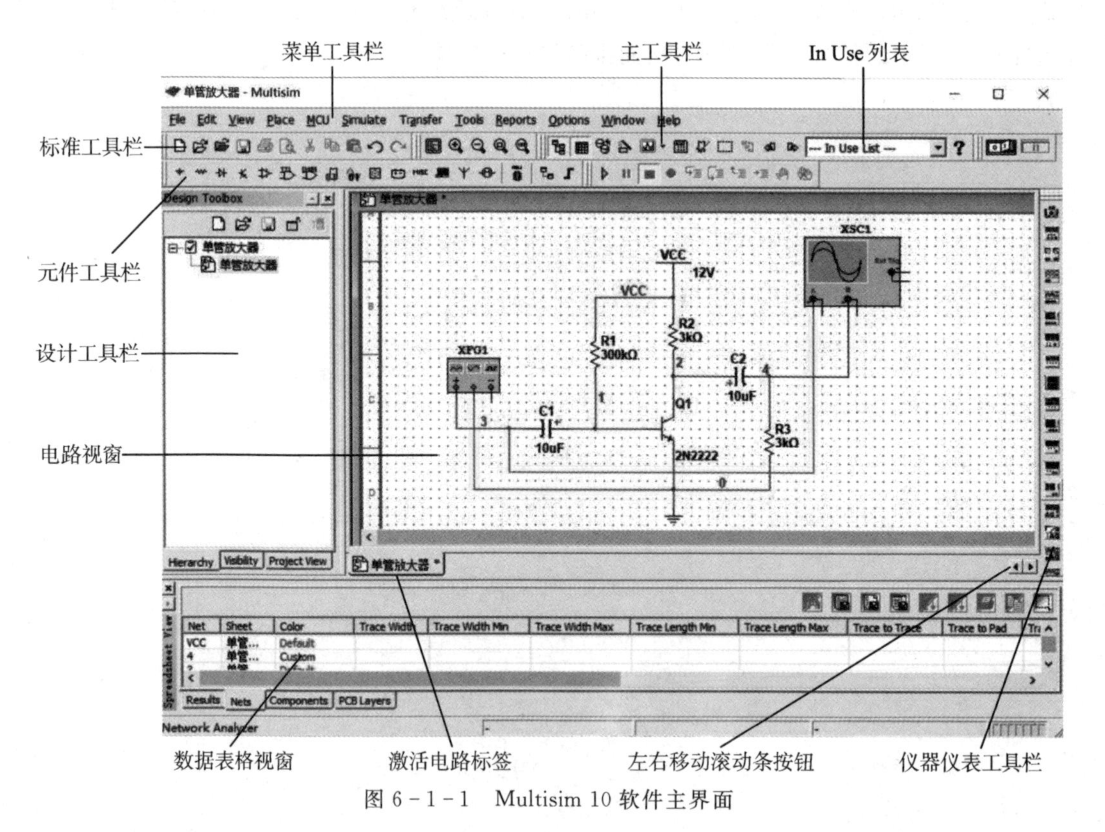

图 6-1-1　Multisim 10 软件主界面

表 6-1-1　Multisim10 工具栏

名　称	功　能
菜单工具栏	用于查找所有的命令
标准工具栏	包含常用的功能命令按钮

续表

名　称	功　能
仪器仪表工具栏	包括了软件提供的所有仪器仪表按钮
元件工具栏	提供了从 Multisim 元件数据库中选择、放置元件到原理图中的按钮
电路视窗	也称工作区，是设计人员设计电路的区域
设计工具栏	用于操控设计项目中各种不同类型的文件，也用于原理图层次的控制显示和隐藏不同的层
数据表格视窗	用于快速显示编辑元件的参数，还可以一步到位修改某些元件或所有元件的参数

Multisim 10 工具栏由 8 个工具栏组成，分别是 Standard Toolbar(标准工具栏)、Main Toolbar(主工具栏)、Simulation Toolbar(仿真工具栏)、View Toolbar(显示工具栏)、Graphic Annotation Toolbar(图形注释工具栏)、Components Toolbar(元件工具栏)、Virtual Toolbar(虚拟元件工具栏)和 Instruments Toolbar(仪器仪表工具栏)。使用工具栏上的按钮即可完成一个电路图的创建，表 6-1-2～表 6-1-6 是前 5 个工具栏的详细说明。

表 6-1-2　标准工具栏

Standard Toolbar(标准工具栏)	按钮	快捷键	功　能
New		Ctrl+N	建立新文件
Open		Ctrl+O	打开一个文件
Open a Sample Design			打开一个设计实例
Save File		Ctrl+S	保存文件
Print Circuit			打印电路图
Print Preview			预览打印电路
Cut		Ctrl+X	剪切元件
Copy		Ctrl+C	复制元件
Paste		Ctrl+V	粘贴元件
Undo		Ctrl+Z	撤销操作动作
Redo		Ctrl+Y	还原操作动作

表 6-1-3　主工具栏

Main Toolbar(主工具栏)	按钮	功　能
Show or Hide Design Toolbar		显示或隐藏设计工具栏
Show or Hide Spreadsheet Bar		显示或隐藏数据表格视窗
Database Manager		打开数据库管理器

续表

Main Toolbar(主工具栏)	按钮	功　能
Create Component		创建一个新元件
Grapher/Analysis List		图形分析视窗/分析方法列表
Postprocessor		后期处理
Electrical Rules Checking		电气规则检查
Capture Screen Area		捕获屏幕
Go to parent sheet		跳转到父系表
Back Annotate from Ultiboard		修改 Ultiboard 注释文件
Forward Annotate to Ultiboard 10		创建 Ultiboard 注释文件
In Use List	--- In Use List ---	正在使用的元件列表
Help	?	帮助

表 6－1－4　仿真工具栏

Simulation Toolbar(仿真工具栏)	按钮	快捷键	功　能
Run/Resume Simulation		F5	仿真运行按钮
Pause Simulation		F6	暂停运行按钮
Stop Simulation			停止运行按钮
Pause simulation at next MCU instruction boundary			在下一个 MCU 分界指令暂停按钮
Step into			单步执行进入子函数
Step over			单步执行越过子函数
Step out			单步执行跳出子函数
Run to cursor			跳转到光标处
Toggle breakpoint			断点锁定
Remove all breakpoints			解除断点锁定

表 6－1－5　显示工具栏

View Toolbar(显示工具栏)	按钮	快捷键	功　能
Toggle Full Screen			全屏显示
Increase Zoom		F8	放大显示
Decrease Zoom		F9	缩小显示

续表

View Toolbar(显示工具栏)	按钮	快捷键	功　能
Zoom to Selected Area		F10	区域放大
Zoom Fit to Page		F7	本页显示

表 6-1-6　图形注释工具栏

Graphic Annotation Toolbar(图形注释工具栏)	按钮	快捷键	功　能
Picture			放置文件图形
Polygon		Ctrl+Shift+G	放置多边形
Arc		Ctrl+Shift+A	放置弧形
Ellipse		Ctrl+Shift+E	放置椭圆
Rectangle			放置矩形
Multiline			放置折线
Line		Ctrl+Shift+L	放置直线
Place Text		Ctrl+Shift+T	放置文本
Place Comment			放置注释

在创建一个电路图之前，还需要设置自己习惯的软件运行环境和界面，其目的是方便画电路图、仿真和观察结果。设置全局属性的菜单为【Options】→【Global Preferences】，设置电路原理图属性的菜单为【Options】→【Sheet Properties】，设置用户界面的菜单为【Options】→【Customize User Interface】，用户可根据自己的偏好自行设置。

6.2　创建电路图的基本操作

要想创建一个电路图，首先选取自己所需要的元件及仪器仪表，本节主要讲述如何选取元件、仪器仪表及如何将其连成一个完整的电路。

6.2.1　元件与元件参数设置

Multisim 10 提供的元件浏览器常用于从元件数据库中选择元件并将其放置到电路窗口中。元件在数据库中按照数据库、组、族分类管理。选取时可直接在元件工具栏和虚拟工具栏中或在菜单【Place】下选择【Component】，单击后界面如图 6-2-1 所示。

默认情况下，元件数据库是 Master Database(主数据库)，若需要从 Corporate Database(公共数据库)或 User Database(用户数据库)中选择元件，可以在 Database 下拉列表中选择相应的菜单；从【Family】(族)列表中选择所需的元件族；在元件列表中选择所需的元件，选择好后点击【OK】按钮即可。

在【Family】(族)中，深色背景的元件为虚拟元件，虚拟元件也可在 Virtual(虚拟)工具栏

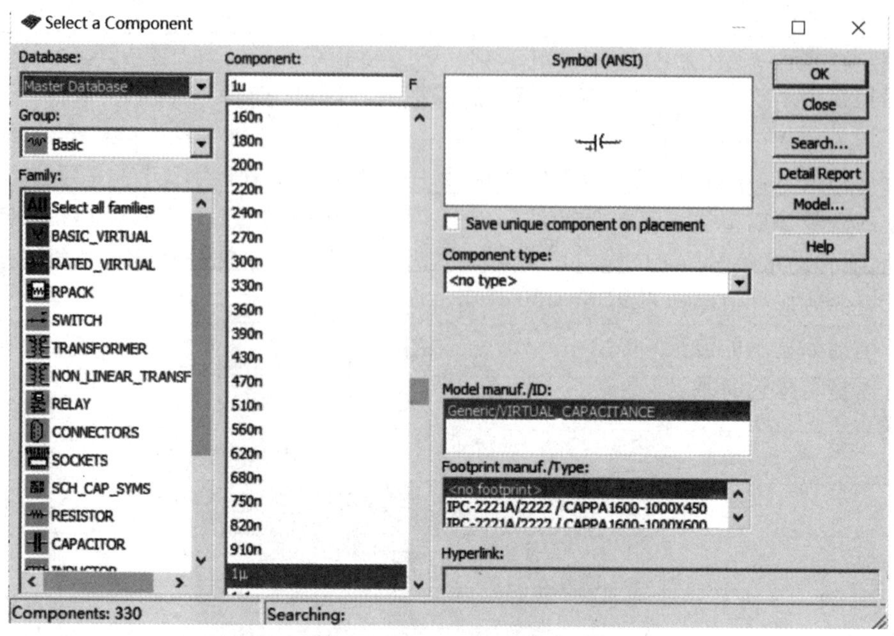

图 6-2-1 “Select a Component”对话框

中选择，虚拟元件的特点就是其参数均为理想化且可随时修改元件的数值。

元件工具栏和虚拟元件工具栏具体情况如表 6-2-1 和表 6-2-2 所示。

表 6-2-1 元件工具栏

Components Toolbar（元件工具栏）	按钮	功能	分类
Place Source		放置电源	电源、电压信号源、电流信号源、控制功能模块、受控电压源、受控电流源等
Place Basic		放置基本元件	基本虚拟器件、额定虚拟器件、排阻、开关、变压器、非线性变压器、继电器、连接器、插座、电阻、电容、电感、电解电容、可变电容、可变电感、电位器
Place Diode		放置二极管	虚拟二极管、二极管、齐纳二极管、发光二极管、全波桥式整流器、肖特基二极管、可控硅整流器、双向开关二极管、三端开关可控硅二极管、变容二极管、PIN 二极管
Place Transistor		放置晶体管	虚拟晶体管、NPN 晶体管、PNP 晶体管、达林顿 NPN 晶体管、达林顿 PNP 晶体管、达林顿晶体管阵列、BJT 晶体管阵列、绝缘栅双极型晶体管、三端 N 沟道耗尽型 MOS 管、三端 N 沟道增强型 MOS 管、三端 P 沟道增强型 MOS 管、N 沟道 JFET、P 沟道 JFET、N 沟道功率 MOSFET、P 沟道功率 MOSFET、单结晶体管、热效应管

续表

Components Toolbar（元件工具栏）	按钮	功能	分　类
Place Analog		放置模拟集成元件	模拟虚拟器件、运算放大器、诺顿运算放大器、比较器、宽带放大器、特殊功能运算放大器
Place TTL		放置 TTL 器件	74STD 系列及 74LS 系列
Place CMOS		放置 CMOS 器件	根据电压大小分类
Place MCU Module		放置 MCU 模型图	8051、PIC16、RAM、ROM
Place Advanced Peripherals		放置高级外围设备	键盘、LCD、终端显示模型
Place Misc Digital		放置数字元件	TTL 系列、VHDL 系列、VERILOG_HDL 系列
Place Mixed		放置混合元件	虚拟混合器件、定时器、模数_数模转换器、模拟开关
Place Indicator		放置指示器件	电压表、电流表、探测器、蜂鸣器、灯泡、十六进制计数器、条形光柱
Place Power Component		放置电源器件	保险丝、稳压器、电压抑制、隔离电源
Place Miscellaneous	MISC	放置混杂器件	传感器、晶振、电子管、滤波器、MOS 驱动
Place RF		放置射频元件	射频电容、射频电感、射频 NPN 晶体管、射频 PNP 晶体管、射频 MOSFET、隧道二极管、带状传输线
Place Electromechanical		放置电气元件	感测开关、瞬时开关、附加触点开关、定时触点开关、线圈和继电器、线性变压器、保护装置、输出装置

表 6-2-2　虚拟元件工具栏

Virtual Toolbar（虚拟元件工具栏）	按钮	功能	分　类
Show Analog Family		放置虚拟运放	虚拟比较器、虚拟运放
Show Basic Family		放置虚拟基本器件	虚拟电阻、虚拟电容、虚拟电感、虚拟可变电阻、虚拟可变电容、虚拟可变电感、虚拟变压器等
Show Diode Family		放置虚拟二极管	虚拟二极管、虚拟齐纳二极管
Show Transistor Family		放置虚拟晶体管	虚拟 NPN 二极管、虚拟 PNP 二极管、虚拟场效应管
Show Measurement Family		放置虚拟测量元件	电压表、电流表、灯泡

续表

Virtual Toolbar（虚拟元件工具栏）	按钮	功能	分 类
Show Misc Family		放置虚拟混杂元件	虚拟555定时器、虚拟开关、虚拟保险丝、虚拟灯泡、虚拟单稳态器件、虚拟电动机、虚拟光耦合器、虚拟PLL、虚拟数码管
Show Power Source Family		放置虚拟电源器件	直流电源、交流电源、接地
Show Rated Family		放置额定器件	虚拟额定三极管、虚拟额定二极管、虚拟额定电阻、虚拟额定变压器
Show Signal Source Family		放置虚拟信号源元件	交流电压源、交流电流源、FM电流源、FM电压源等

元件放在电路图上后，通常需要修改其参数，这时，只要双击元件即可，在弹出的元件属性对话框中修改其属性。元件属性对话框中包含多个页面，实际元件一般不需要修改其属性，除非有特殊需要，因为大量的实际元件完全可以满足研究、设计、教学的一般需要。虚拟元件的属性可以根据仿真的需要来设置，如果需要修改虚拟元件的参数，则必须明确知道被修改参数的意义。

6.2.2 仪器仪表工具

Multisim 10中提供了许多实验仪器，而且还可以创建LabVIEW的自定义仪器。选取仪器操作与选取元器件操作方法基本相同，可以在仪器仪表工具栏中选取所需仪器仪表，也可以在菜单【Simulate】→【Instruments】下选择所需仪器仪表。各仪器仪表具体功能如表6-2-3所示。

表6-2-3 仪器仪表工具栏

Instruments Toolbar（仪器工具栏）	按钮	中文名称	功 能
Multimeter		万用表	可以测量交/直流电压、电流及电阻
Distortion Analyzer		失真度仪	典型的失真度分析用于测20 Hz～100 kHz之间信号的失真情况，包括对音频信号的测量。其设置界面如图6-2-2所示
Wattmeter		瓦特表	用于测量用电负载的平均电功率和功率因数
Oscilloscope		示波器	显示电压波形、周期的仪器。Multisim软件中提供了多种示波器，其使用方法都是大同小异，图6-2-3所示为示波器面板
Function Generator		函数信号发生器	用来产生正弦波、方波和三角波的仪器
Frequency Counter		频率计数器	用于测量信号的频率

续表

Instruments Toolbar（仪器工具栏）	按钮	中文名称	功　能
Four Channel Oscilloscope		四踪示波器	允许同时监视 4 个不同通道的输入信号
Agilent Function Generator		安捷伦 33120A 信号发生器	具有高性能 15 MHz 合成频率且具备任意波形输出的多功能函数信号发生器
Bode Plotter		波特图仪	测量电路幅频特性和相频特性的仪器。波特图仪面板图如图 6-2-4 所示
Word Generator		字符发生器	用于产生数字电路需要的数字信号。其面板图如图 6-2-5 所示
Logic Converter		逻辑转换器	可以执行对多个电路表示法的转换和对数字电路的转换
IV Analyzer		伏安特性分析仪	用于测量二极管、PNP BJT、NPN BJT、PMOS、NMOS 的伏安特性曲线
Logic Analyzer		逻辑分析仪	用于显示和记录数字电路中各个节点的波形
Agilent Multimeter		安捷伦 34401A 万用表	6.5 位的高精度数字万用表
Network Analyzer		网络分析仪	用于测量电路的散射参数，也可以计算双 D 网络的 H、Y、Z 参数
Agilent Oscilloscope		安捷伦 54622D 示波器	一个具备 2 通道和 16 逻辑通道的 100 MHz 带宽的示波器
Measurement Probe		测量探针	在电路的不同位置快速测量电压、电流及频率的有效工具
Spectrum Analyzer		频谱仪	测试频率的振幅
Tektronix Simulated Oscilloscope		泰克仿真示波器	Tektronix TDS 2024 是一个 4 通道 200 MHz 带宽的示波器
LabVIEW		LabVIEW 仪器	可在此环境下创建自定义的仪器
Current Probe		电流探针	将电流转换为输出端口电阻丝器件的电压

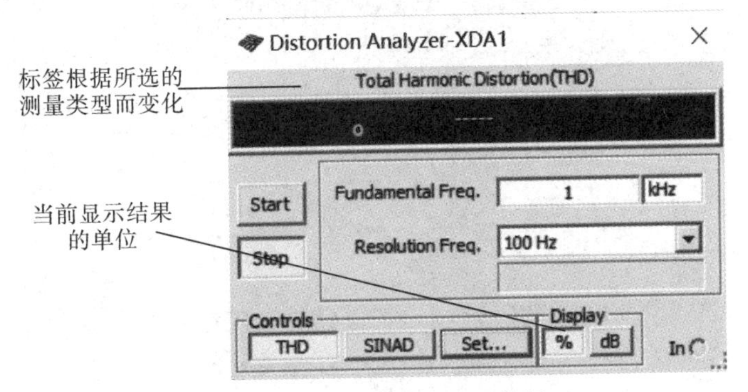

图 6-2-2　失真度仪界面设置

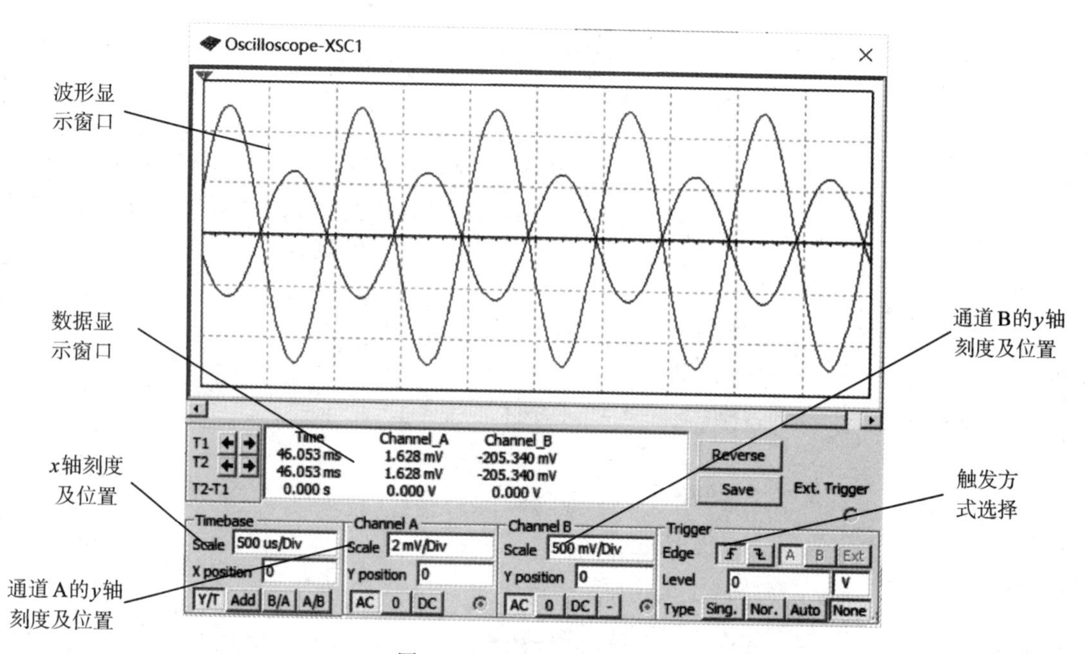

图 6-2-3　示波器面板图

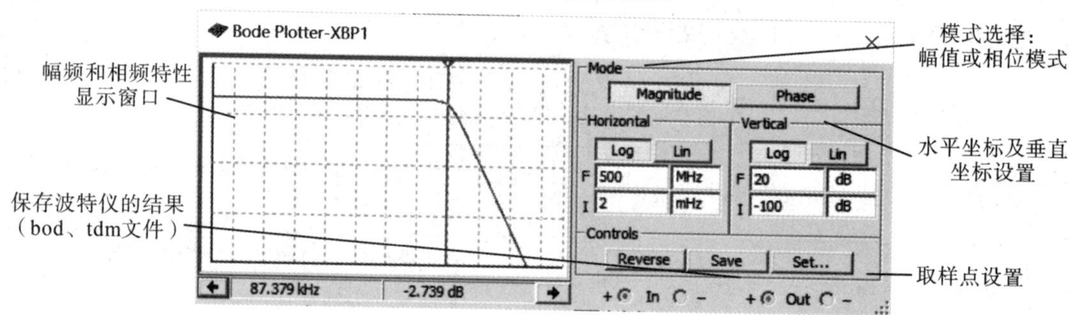

图 6-2-4　波特图仪面板图

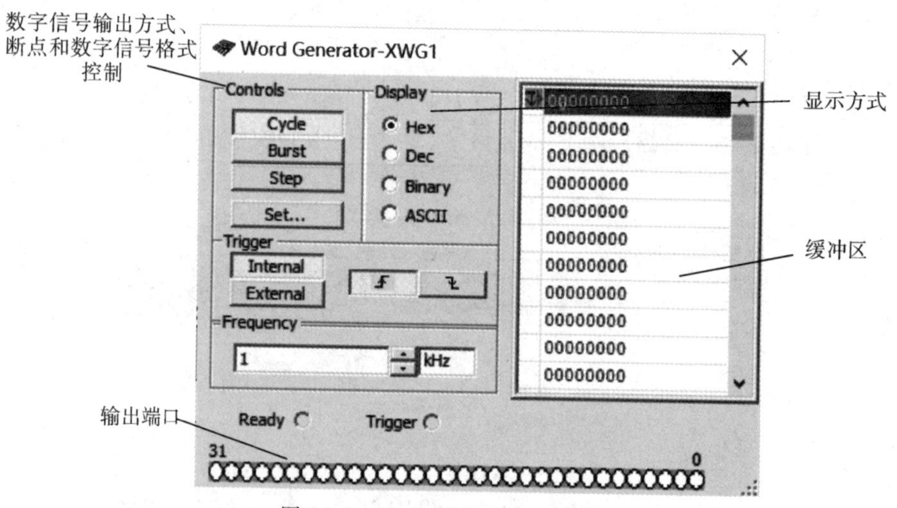

图 6-2-5　字符发生器面板图

6.2.3　电路连线

Multisim 软件中采取的是自动连线方式，当鼠标移至元件的一端时，出现十字型光标，单击引出导线，然后在要连接的元件端再次单击即可，使用起来非常方便。

6.3　分析方法

Multisim 软件的分析方法有很多，利用仿真产生的数据进行分析，对于电路分析和设计都非常有用，可以提高分析电路、设计电路的能力。Multisim 软件分析的范围也比较广泛，从基本分析方法到一些不常见的分析方法都有，并可以将一个分析作为另一个分析的一部分自动执行。

在主工具栏中，有图形分析的图标，可在此选择分析方法，也可单击菜单【Simulate】→【Analyses】命令选择分析方法。若想查看分析结果，可单击菜单【View】→【Grapher】命令，在【Grapher View】(图示仪)窗口中设置其各种属性，如图 6－3－1 所示。Multisim 软件总共有 18 种分析方法，在使用这些分析方法前要认识各种仿真分析的功能及设置其正确参数。下面介绍几种基本分析方法。

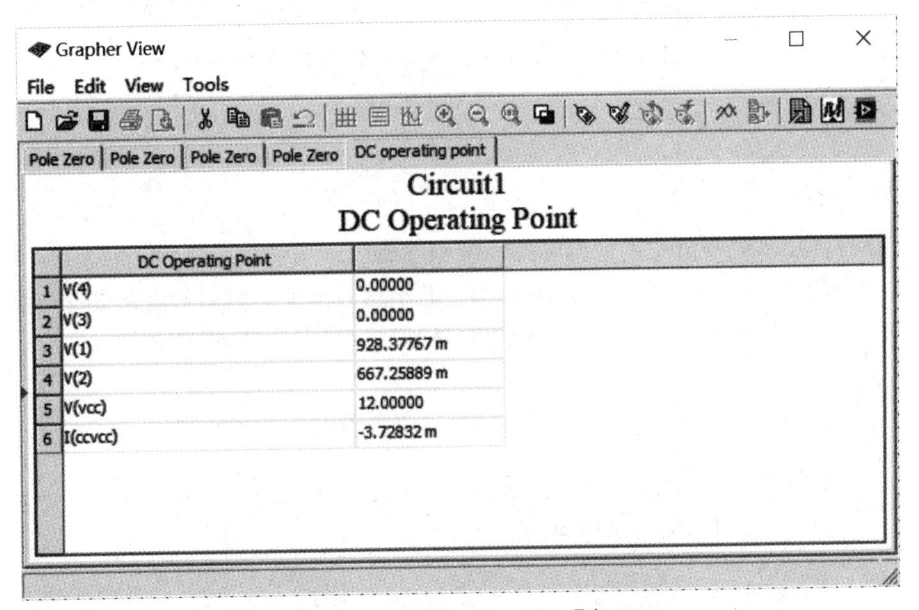

图 6－3－1　【Grapher View】窗口

6.3.1　直流工作点分析(DC Operating Point Analysis)

直流工作点分析可用于计算静态情况下电路各个节点的电压、电压源支路的电流、元件电流和功率等数值。

打开需要分析的电路，单击菜单【Simulate】→【Analyses】→【DC Operating Point Analysis】命令，弹出直流工作点对话框，如图 6－3－2 所示。

所有参数选择好后点击【Simulate】按钮，进行直流工作点分析，弹出图示仪界面，显示计

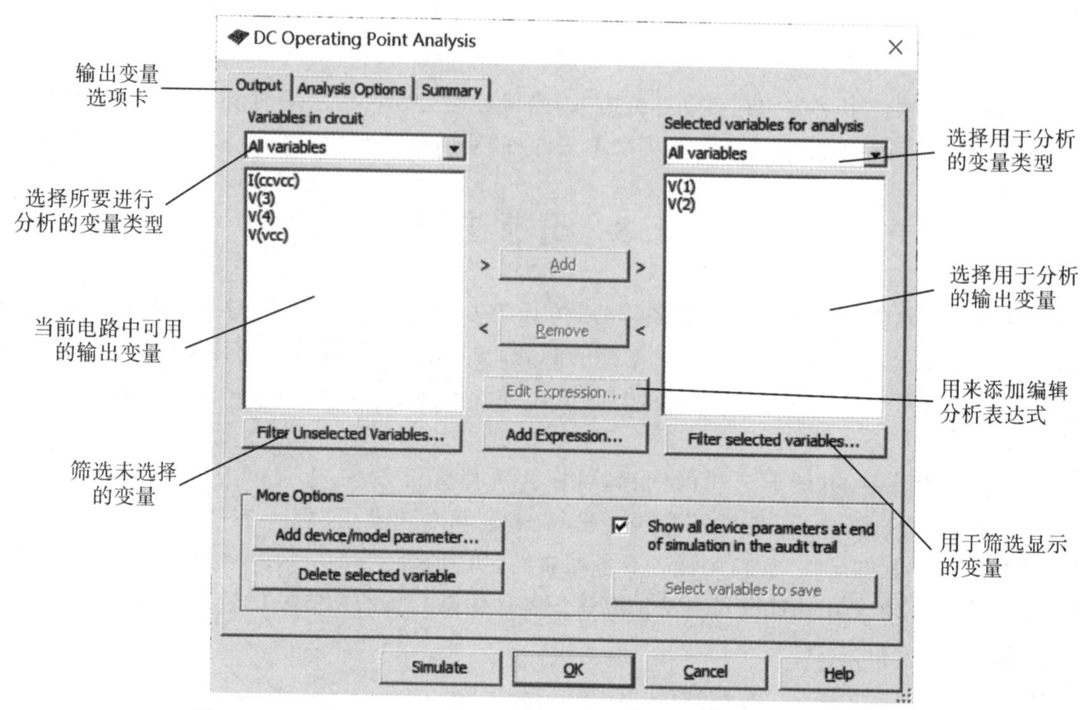

图 6-3-2 【DC Operating Point Analysis】对话框的【Output】标签页

算出的所需节点的电压、电流数值。

6.3.2 交流分析(AC Analysis)

交流分析可用于观察电路中的幅频特性及相频特性。分析时，仿真软件首先对电路进行直流工作点分析，以建立电路中非线性元件的交流小信号模型。然后对电路进行交流分析，并且输入的信号为正弦波信号。若输入端采用的是函数信号发生器，即使选择三角波或者方波，也将自动改为正弦波信号。

下面以图 6-3-3 所示的文氏桥为例，分析其幅频特性及相频特性。

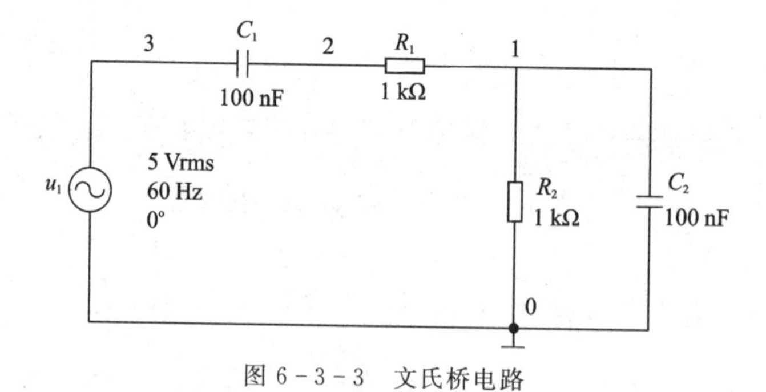

图 6-3-3 文氏桥电路

双击电源，弹出其属性对话框，可在【Value】(值)标签页中设置其交流分析的振幅和相位值，如图 6-3-4 所示。设置好后，单击菜单【Simulate】→【Analyses】→【AC Analysis】命令，弹出【AC Analysis】对话框，在【Output】标签页中可以设置需要分析的变量，如图 6-3-5 所示。选好之后单击【Simulate】按钮，仿真结果如图 6-3-6 所示。

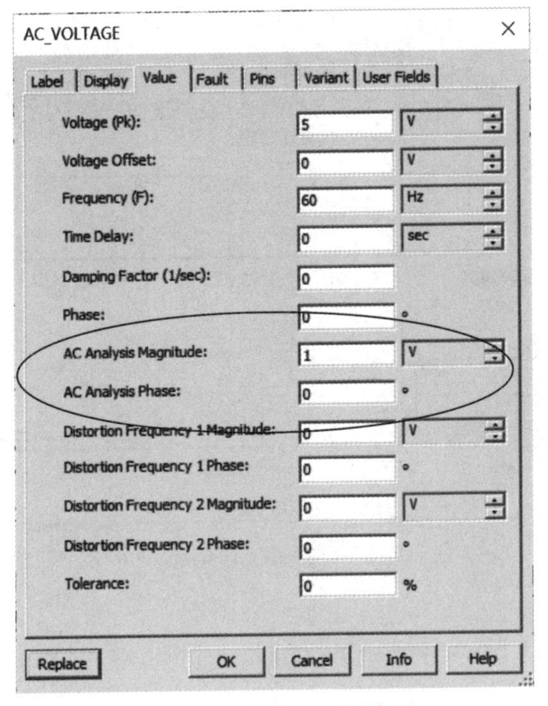

图 6-3-4　【Value】标签页

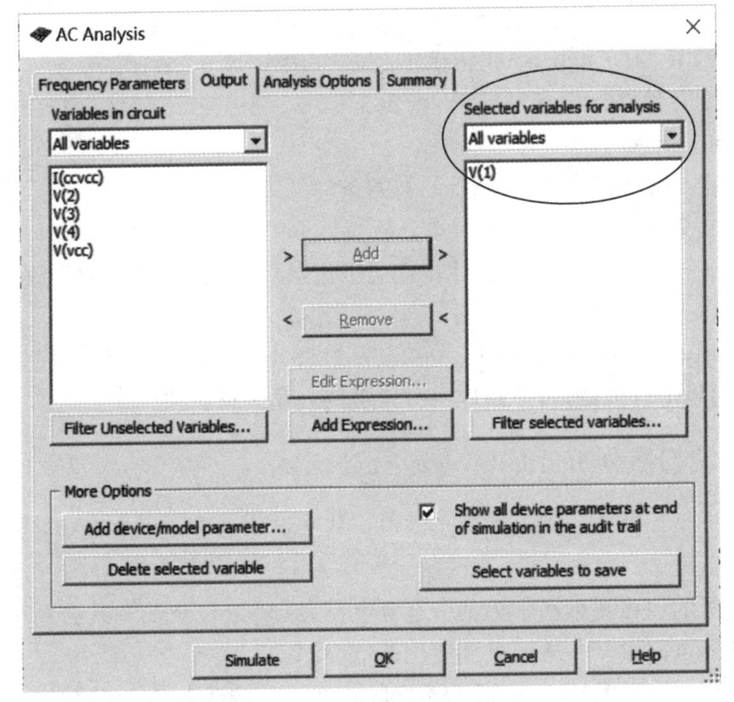

图 6-3-5　【Output】标签页

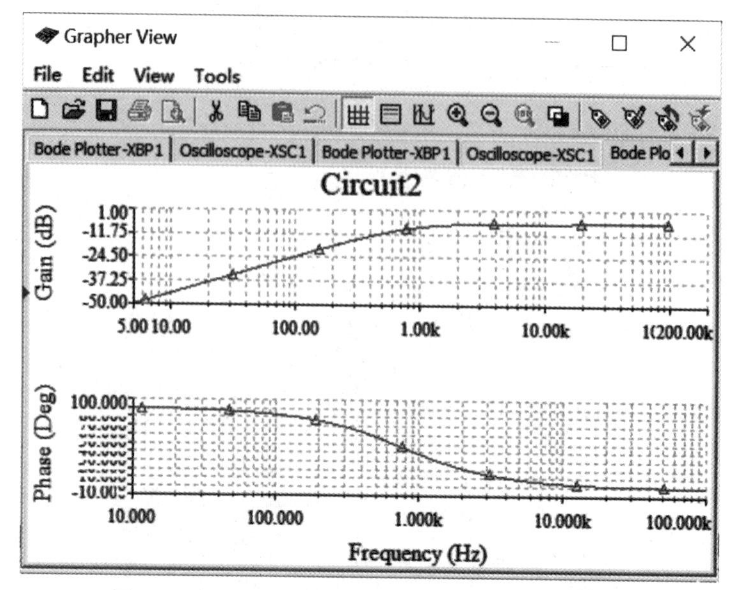

图 6-3-6　文氏桥电路 AC Analysis 分析显示窗口

6.3.3　瞬态分析(Transient Analysis)

瞬态分析也叫时域瞬态分析，是观察电路中各个节点电压和支路电流随时间变化的情况，其实就是与用示波器观察电路中各个节点的电压波形一样。

在进行分析前，需要对其进行参数设置，单击菜单【Simulate】→【Analyses】→【Transient Analysis】命令，弹出【Transient Analysis】对话框，如图 6-3-7 所示。

如果需要将所有参数复位到默认值，则单击【Reset to default】(复位到默认)按钮即可。初始值条件，有如下四种：

【Set to Zero】(设置到零)：瞬态分析的初始条件从零开始。

【User-Defined】(用户自定义)：由瞬态分析对话框中的初始条件开始运行分析。

【Calculate DC Operating Point】(计算直流工作点)：首先计算电路的直流工作点，然后使用其结果作为瞬态分析的初始条件。

【Automatically Determine Initial Conditions】(自动检测初始条件)：首先使用直流工作点作为初始条件，如果仿真失败，将使用用户自定义的初始条件。

6.3.4　直流扫描分析(DC Sweep Analysis)

直流扫描分析是计算电路中某一节点的电压或某一电源分支的电流等变量随电路中某一电源电压变化的情况。

直流扫描分析的输出图形横轴为某一电源电压，纵轴为被分析节点的电压或某一电源分支的电流等变量随电路中某一电源电压变化的情况。

单击菜单【Simulate】→【Analyses】→【DC Sweep Analysis】命令，弹出【DC Sweep Analysis】(直流扫描分析)对话框，对其进行设置，如图 6-3-8 所示。设置好参数后，单击【Simulate】按钮，进行分析。

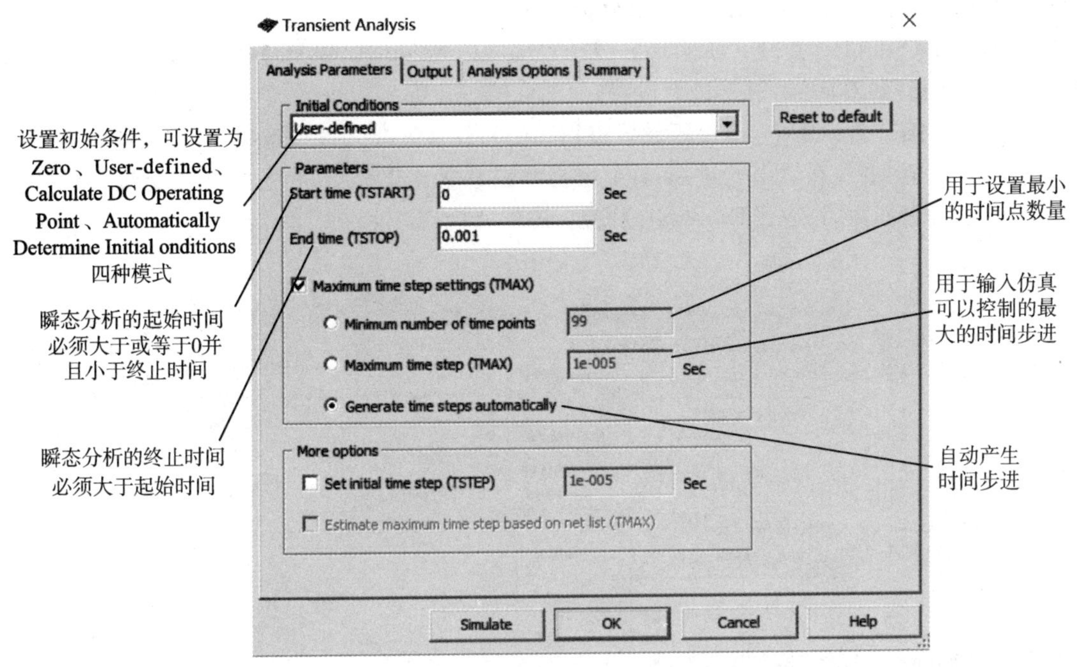

图 6-3-7　【Transient Analysis】对话框

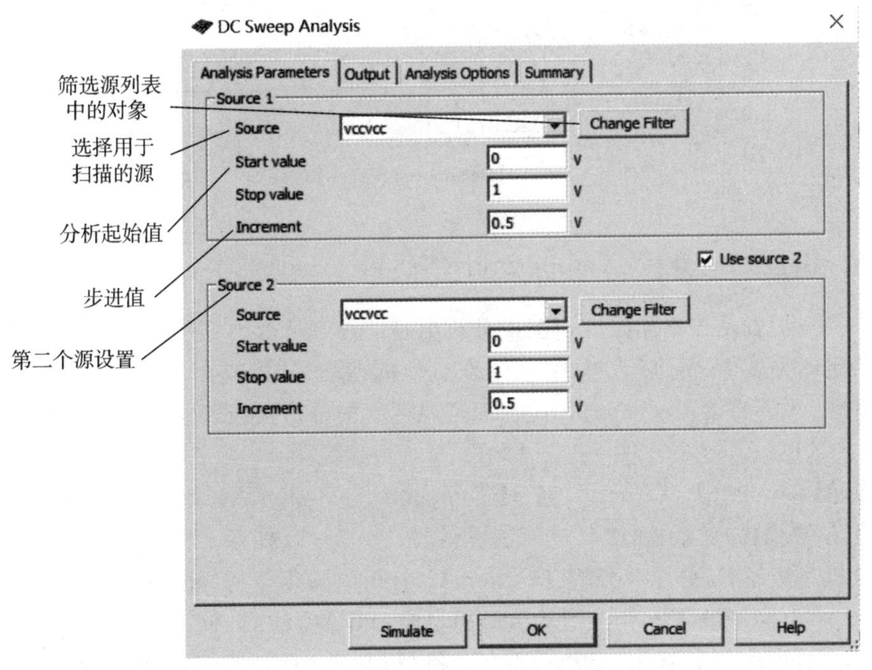

图 6-3-8　【DC Sweep Analysis】对话框

6.3.5　参数扫描分析(Parameter Sweep Analysis)

参数扫描分析是针对元件参数和元件模型参数进行的直流工作点分析、交流分析及瞬态分析。所以参数扫描分析给出的是一组分析图形。

单击菜单【Simulate】→【Analyses】→【Parameter Sweep Analysis】命令，弹出【Parameter Sweep】(参数扫描)对话框，对其进行设置，如图 6-3-9 所示。

在参数扫描分析设置中，不仅要设置被扫描的元件参数或元件模型参数，设置它们的扫描方式、初值、终值、步长和输出变量，而且要选择和设置直流工作点、瞬态分析或交流分析这三者之一。设置好参数后，单击【Simulate】按钮，进行分析。

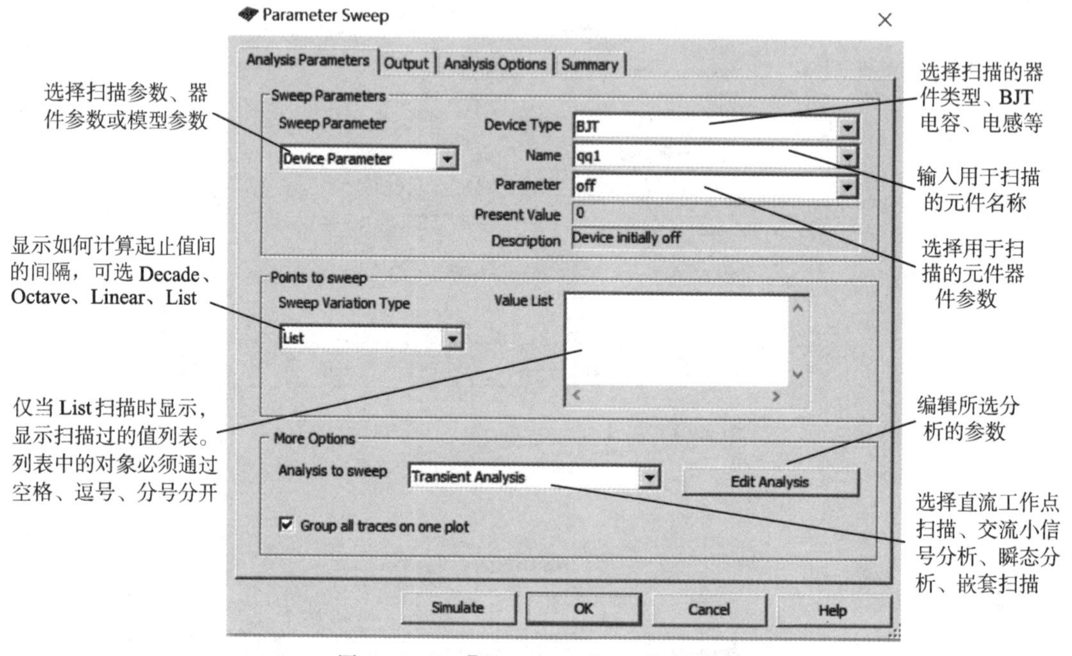

图 6-3-9 【Parameter Sweep】对话框

6.3.6 温度扫描分析(Temperature Sweep Analysis)

温度扫描分析就是在不同温度情况下分析电路的仿真情况。温度扫描分析的方法就是对于每一个给定的温度值，都进行一次直流工作点分析、瞬态分析或交流分析，所以除了设置温度扫描方式外，还需要设置一种分析方法，而且温度扫描分析仅会影响在模型中有温度属性的元件。

单击菜单【Simulate】→【Analyses】→【Temperature Sweep Analysis】命令，弹出【Parameter Sweep】(参数扫描)对话框，对其进行设置，如图 6-3-10 所示。

其他分析方法还有：傅里叶分析(Fourier Analysis)、噪声分析(Noise Analysis)、失真分析(Distortion Analysis)、直流和交流灵敏度分析(DC and AC Sensitivity Analysis)、传输函数分析(Transfer Function Analysis)、极点-零点分析(Pole-Zero Analysis)、最坏情况分析(Worst Case Analysis)、蒙特卡罗分析(Monte Carlo Analysis)、线宽分析(Trace Width Analysis)、嵌套扫描分析(Nested Sweep Analysis)、批处理分析(Batched Analysis)、用户自定义分析(User Defined Analysis)。

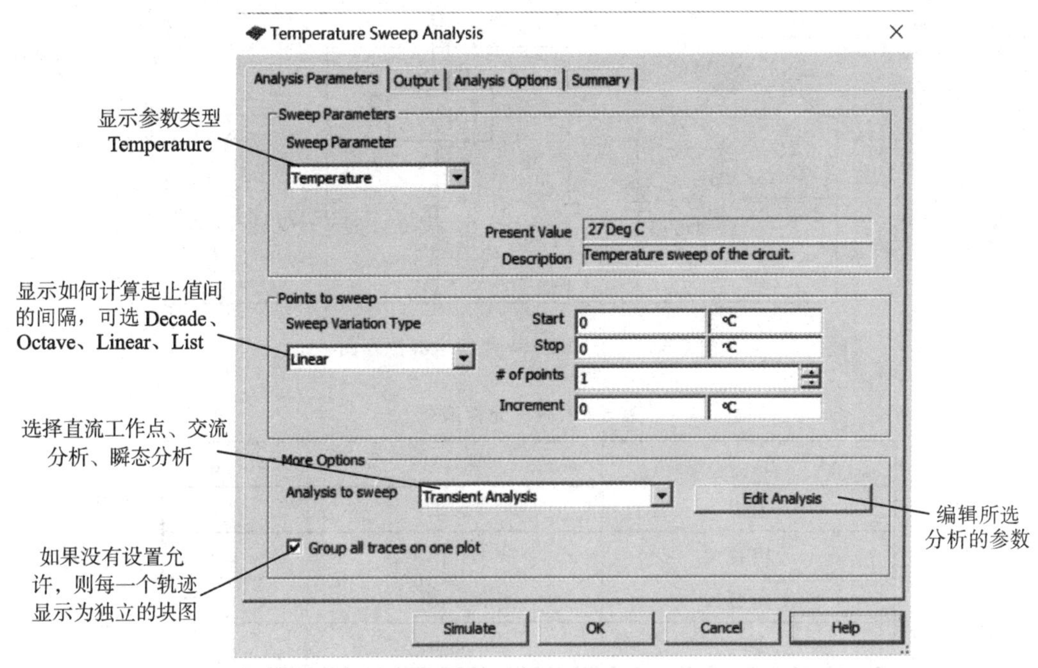

图 6-3-10　【Temperature Sweep Analysis】对话框

6.4　应用实例

Multisim 软件的特点就是，可以像实际做电子电路实验一样来进行电子电路仿真，还可以用前面介绍的各种电子仪器或是分析方法来对电子电路进行测试，学会使用该软件，可以为电子电路研究节省很多时间及经费。实践证明，先用该软件进行仿真，再进行实际实验，效果会更好。

下面总结出了利用 Multisim 软件仿真电路时的步骤：

(1) 从元件库中取出所需的各种元器件，注意更改其属性；

(2) 布置和摆正元器件；

(3) 连接电路，同时调整整体电路图的位置，使其看上去更美观、易懂；

(4) 选取仪器仪表，连接到电路中，测试电路的各种属性，注意修改仪器仪表属性；

(5) 接通电源，进行电路测试。

根据这些步骤，以 LM7805 稳压电源电路为例，介绍 Mulitisim 软件的使用方法。图 6-4-1 为 LM7805 稳压电源原理图。

第一步：统计元器件清单，元件清单如表 6-4-1 所示。单击元件工具栏中基本项按钮，弹出“Select a Component”对话框，从中选取所需元件。

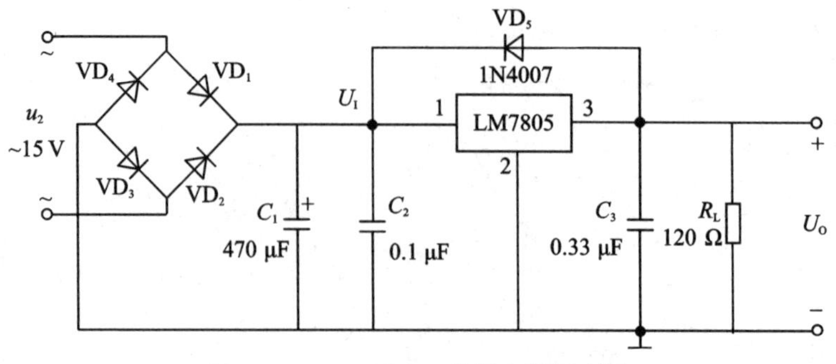

图 6-4-1 LM7805 稳压电源原理图

表 6-4-1 元件清单

名 称	型 号	数 量
电阻	120 Ω	1
电容	470 μF	1
电容	0.1 μF	1
电容	0.33 μF	1
二极管	1N4007	1
稳压管	LM7805	1
桥堆	1G4B42	1

第二步:布置和摆正元器件,如图 6-4-2 所示。

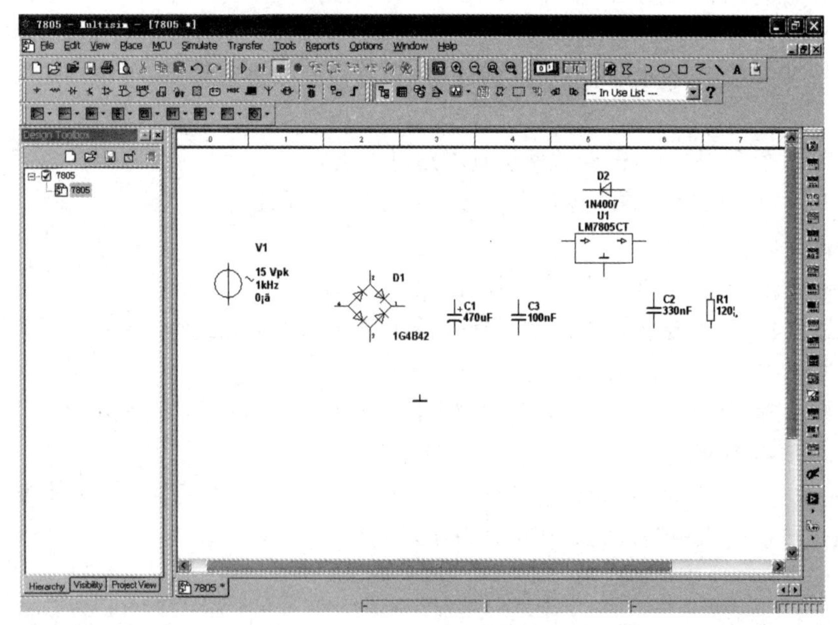

图 6-4-2 布置和摆正元器件

第三步:连接电路,并且调整整体电路图位置,如图 6-4-3 所示。

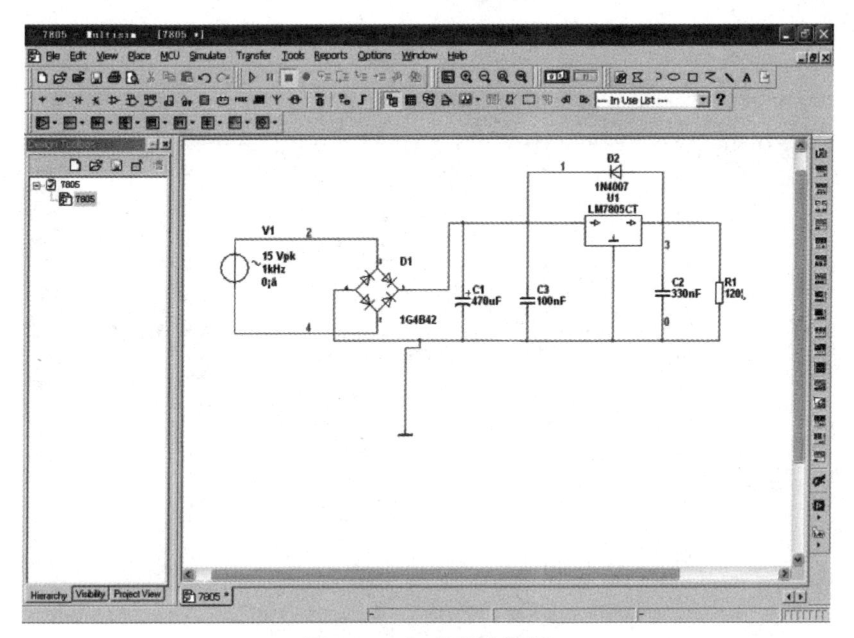

图 6－4－3　整体电路图

第四步：选取直流电压表，测量输出电压大小，如图 6－4－4 所示。

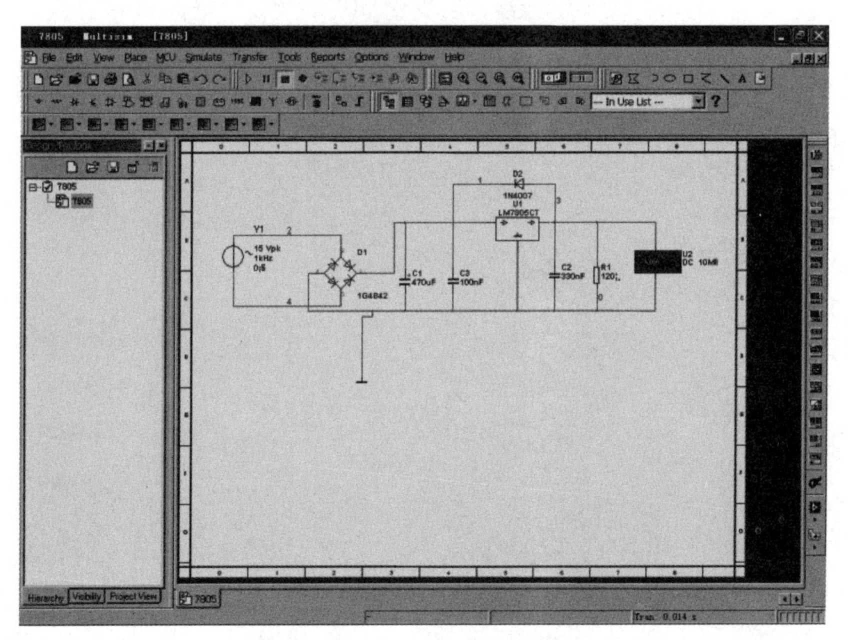

图 6－4－4　连接电压表图

第五步：单击“运行”按钮，观察电压表，得出测试结果，如图 6－4－5 所示。

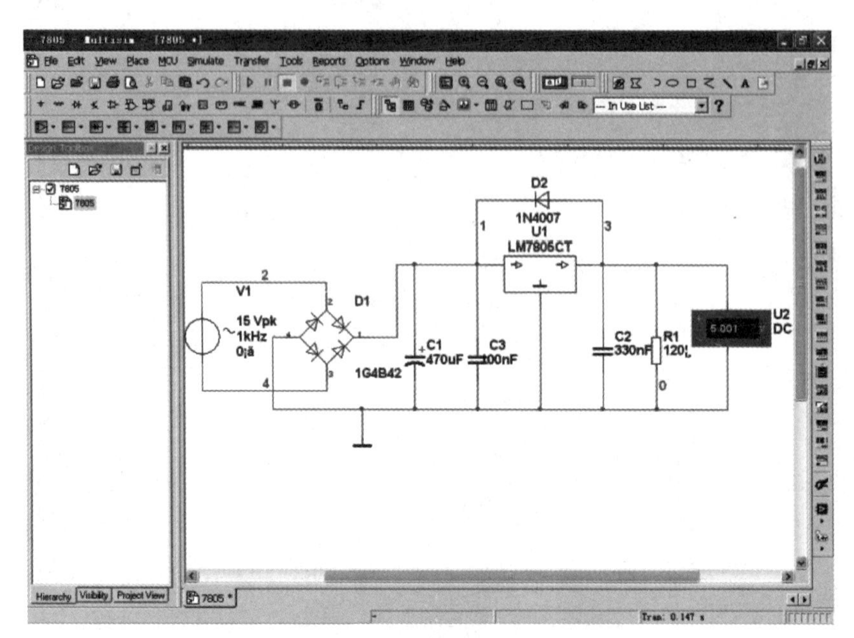
D2
1N4007
U1
LM7805CT
V1
15 Vpk
1kHz
D1
1G4B42
C1
470uF
C3
100nF
C2
330nF
R1
U2
DC
5.001

图 6-4-5　测试结果图

参考文献

[1]王立志，赵红言.模拟电子技术基础[M].北京：高等教育出版社，2018.

[2]张建强.电子制作基础[M].2版.西安：西安电子科技大学出版社，2016.

[3]杨颂华.数字电子技术基础[M].3版.西安：西安电子科技大学出版社，2016.

[4]张钢.电子技术基础[M].2版.北京：中国铁道出版社，2017.

[5]李佳，姚远.电子技术实验指导[M].西安：西安电子科技大学出版社，2019.